图 1 早酥梨果实

图 2 早金酥梨果实

图 3 玉露香梨果实

图 4 红香酥梨果实

图 5 中梨一号果实

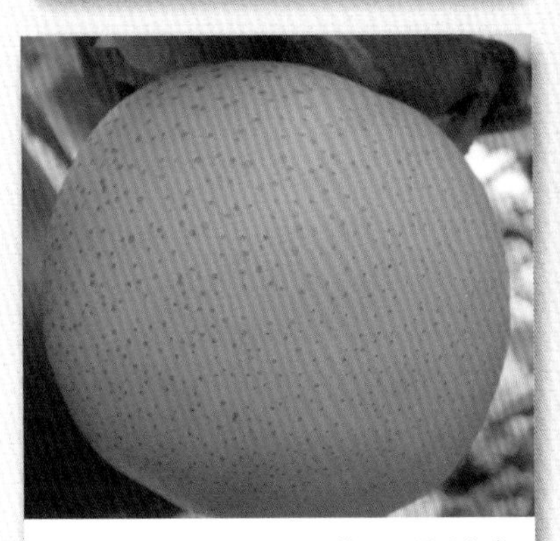

图 6 黄冠梨果实

图 7 翠冠梨果实

图 8 雪青梨果实

图 9 锦丰梨果实

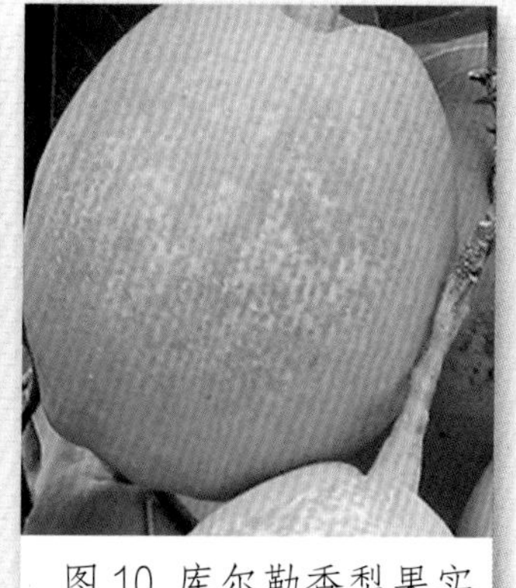

图 10 库尔勒香梨果实

图 11 黄金梨果实

图 12 幸水梨果实

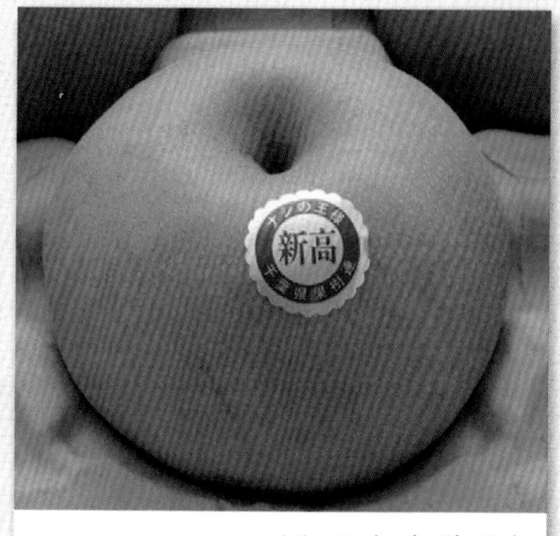

图 13 新高梨果实

图 14 南果梨果实

图 15 寒红梨果实

图 16 龙园洋红梨果实

图 17 梨腐烂病

图 18 梨干腐病

图 19 轮纹病（枝干）

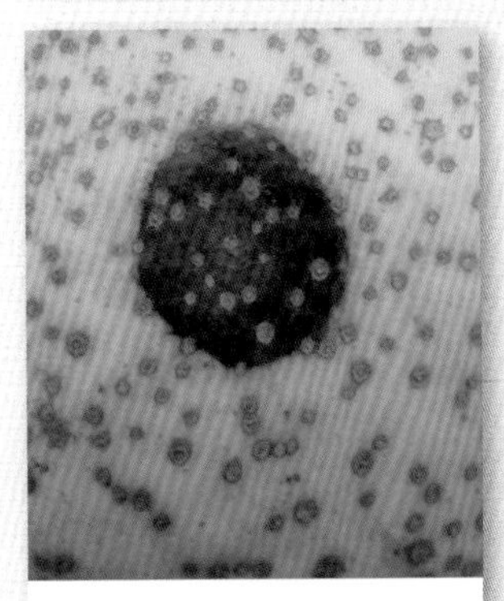
图 20 轮纹病（果实）

图 21 黑星病（病叶）

图 22 黑星病（叶柄）

图 23 黑星病（果实）

图 24 黑斑病（叶面）

图 25 黑斑病（叶背）

图 26 梨锈病（叶面）

图 27 梨锈病（叶背）

图 28 梨锈病（叶柄）

图 29 梨锈病（果实）

图 30 梨白粉病

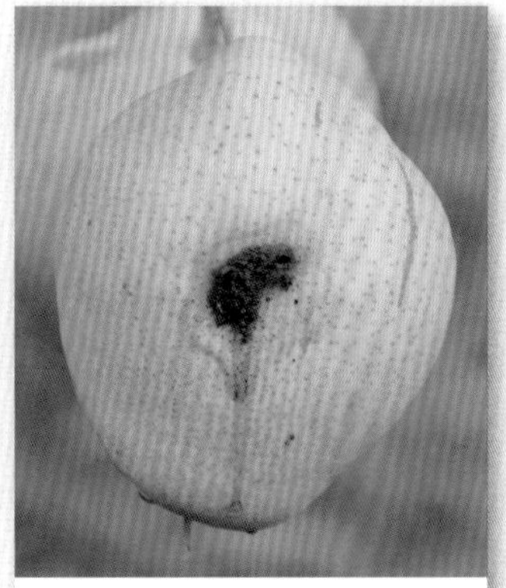
图 31 梨小食心虫

图 32 梨木虱（果）

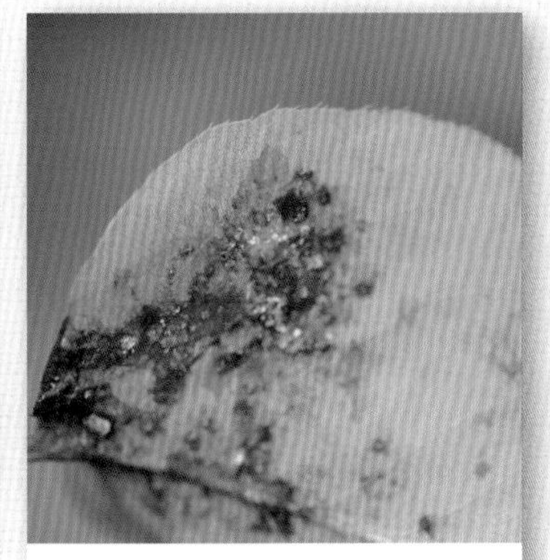
图 33 梨木虱（叶）

图 34 梨茎蜂

图 35 梨二叉蚜幼虫

图 36 梨二叉蚜危害状

图 37 梨星毛虫（幼虫）

图 38 梨星毛虫雌虫

图 39 梨星毛虫雄虫

图 40 梨星毛虫危害状

图 41 梨树枝条冻害

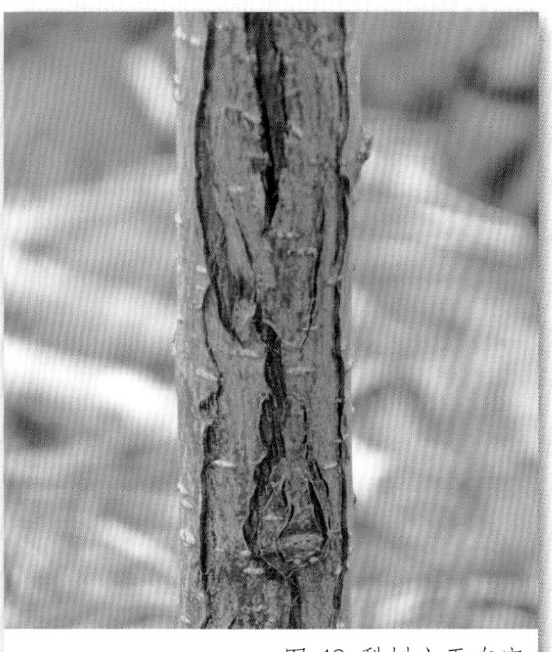

图 42 梨树主干冻害

图 43 梨树花芽冻害

图 44 冰雹危害叶片

图 45 冰雹危害枝条

图 46 冰雹危害果实

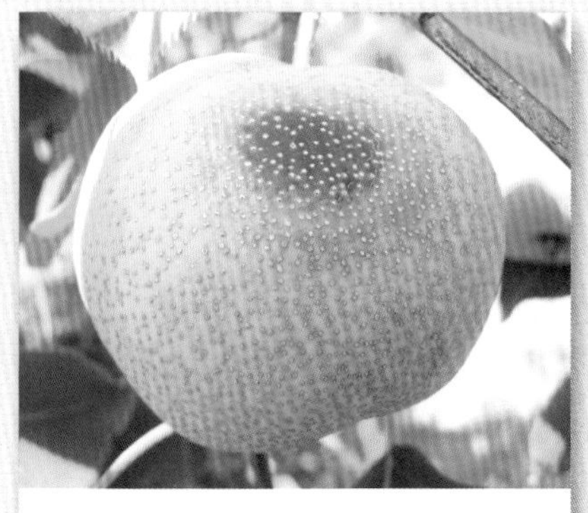
图 47 日灼

图 48 梨园涝害

图 49 梨园涝害危害叶片

图 50 梨树药害受害状（新梢）

图 51 梨树药害受害状（叶片）

图 52 梨树药害受害状（果实）

一本书明白

梨

速丰安全高效生产关键技术

YIBENSHU
MINGBAI
LI
SUFENGANQUANGAOXIAO
SHENGCHAN
GUANJIANJISHU

“十三五”国家重点图书出版规划

新型职业农民书架·种能出彩系列

赵德英　主编

山东科学技术出版社　山西科学技术出版社　中原农民出版社
江西科学技术出版社　安徽科学技术出版社　河北科学技术出版社
陕西科学技术出版社　湖北科学技术出版社　湖南科学技术出版社

中原农民出版社　联合出版

图书在版编目（CIP）数据

一本书明白梨速丰安全高效生产关键技术 / 赵德英主编 .—郑州：中原农民出版社，2018. 8

ISBN 978-7-5542-1898-3

Ⅰ . ①一… Ⅱ . ①赵… Ⅲ . ①梨 – 果树园艺 Ⅳ . ① S661. 2

中国版本图书馆 CIP 数据核字（2018）第 175171 号

主　编　赵德英

副主编　徐　锴　袁继存　闫　帅　隋秀奇

编　者　张彦昌　周江涛　米　洁　杨凤英

张少瑜　仉服春　李志霞　侯桂学

吕　鑫

一本书明白

梨速丰安全高效生产关键技术

主　编：赵德英

出版发行　中原农民出版社

（郑州市经五路66号　邮编：450002）

电　　话　0371-65788655

印　　刷　河南承创印务有限公司

开　　本　787mm × 1092mm　1/16

印　　张　8. 25

彩　　插　8

字　　数　134千字

版　　次　2019年1月第1版

印　　次　2019年1月第1次印刷

书　　号　ISBN 978-7-5542-1898-3

定　　价　39. 90元

目录
Contents

一、梨生产现状

1. 世界梨产业的现状如何?

目前全世界栽植梨树的国家和地区共 85 个，2014 年世界梨种植面积和总产量分别为 157.45 万 hm^2 和 2 579.86 万 t，栽培面积最大的 10 个国家依次为：中国、印度、意大利、阿根廷、阿尔及利亚、土耳其、西班牙、美国、日本和朝鲜，占全球总种植面积的 84.92%；2014 年产量排名前十位的国家分别是中国、阿根廷、美国、意大利、土耳其、西班牙、南非、比利时、荷兰和印度，占全球总产量的 87.32%。从单产情况来看，2014 年全球平均单产为 16.39 t/hm^2，其中瑞士单产最高，为 63.82 t/hm^2；单产水平位列前十的其他国家，如新西兰、斯洛文尼亚、比利时、荷兰、美国、南非、智利、黑山和阿根廷，分别为 49.76 t/hm^2、49.25 t/hm^2、41.13 t/hm^2、40.57 t/hm^2、37.81 t/hm^2、33.62 t/hm^2、33.56 t/hm^2、32.22 t/hm^2 和 28.57 t/hm^2。梨加工比重约为世界梨总产量的 10%，主要生产梨罐头，其次为梨浓缩汁、梨酱、梨酒、梨醋，还有少量的梨保健饮料、梨夹心饼、蜜饯及梨丁等。

2. 我国梨产业的现状如何?

2014 年我国梨树的栽培面积为 111.33 万 hm^2，产量为 1 796.44 万 t，梨栽培面积占全国水果面积的比例为 8.48% ～ 11.24%，梨产量占全国水果产量的比例始终稳定在 10.83% ～ 12.98%。2014 年我国梨的单产达到 16.14 t/hm^2。河北省为我国梨栽培面积和产量第一大省，2014 年栽培面积达 199.38 万 hm^2，占全国梨栽培总面积的 17.91%，产量达到 473.5 万 t，占全国梨总产量的 26.36%。梨产量位列全国前五名的还包括辽宁、山东、河南和安徽，其产量分别为 137.1 万 t、134.2 万 t、112.9 万 t、108.1 万 t，分别占全国梨总产量的 7.63%、7.47%、6.28% 和 6.02%；梨栽培面积位列全国前五名的除河北外，还包括辽宁、四川、新疆、河南，其面积分别为 11.11 万 hm^2、7.92 万 hm^2、6.59 万 hm^2 和 5.30 万 hm^2，分别占全国梨栽培总面积的 9.98%、7.11%、5.92% 和 4.76%。

3. 世界梨果贸易现状如何？

2013 年世界鲜梨出口量 248.84 万 t，鲜梨出口额 28.04 亿美元。世界鲜梨进口量 251.63 万 t，进口额 29.86 亿美元。从进口数量来看，进口量超过 10 万 t 的国家包括俄罗斯、巴西、荷兰、德国、英国、印度尼西亚和法国，七大进口国 2013 年的进口量占世界总进口量 51.58%。从出口数量看，阿根廷和中国一直是全球前两位的出口大国，出口量超过 10 万 t 的国家包括阿根廷、中国、荷兰、比利时、南非、美国、智利、意大利和西班牙，这 9 个主要出口国 2013 年的出口数量占世界出口总量的 85.47%。

4. 近年来我国梨进出口贸易量发生了哪些变化？

2013 年我国梨出口数量未能保持上年的恢复性增长势头，并跌破 40 万 t 大关，仅为 38.88 万 t，出口额为 3.72 亿美元，分别占我国干、鲜水果出口的 11.96% 和 8.67%；与 2012 年相比，出口量减少了 6.91%，出口额增加了 11.26%。我国出口梨分为鲜鸭梨与雪梨、香梨和其他鲜梨三大类，鲜梨出口量高于 1 万 t 的国家和地区依次为印度尼西亚、越南、马来西亚、泰国、中国香港、俄罗斯、印度、菲律宾和加拿大。2013 年我国梨进口总量为 3 122 t，进口总额为 604.1 万美元，主要从墨西哥、比利时、新西兰等国进口，墨西哥占 80% 以上。

5. 梨生产上存在的主要问题有哪些？

当前，梨生产上主要存在以下问题：①品种组成失衡。晚熟品种多，早、中熟品种少。鲜食品种多，加工品种少，绿黄色品种多，有色梨少，市场销售果品色调单一，销售压力大，梨果售价较低，产业低效运行。②栽植过密，树体枝量过大，郁闭现象明显，内膛成花结果能力弱，结果部位外移现象突出。③引种存在很大的盲目性，引种成功案例不多，产量普遍较低。④投入不足，单产低，梨树的生产能力下降。⑤农药残留量高，食用安全程度低，市场售价起伏不定，效益不稳。⑥劳动力短缺，成本上涨，从业人员老龄化现象明显，管理水平不高。

二、梨安全生产要求

1. 梨安全生产状况如何?

梨果品安全生产是各国生产者追求的目标，他们为此进行梨园综合管理（IPM），即综合应用栽培手段及物理、生物和化学方法可以将病虫害控制在经济可以承受的范围之内，从而有效地减少了化学农药的用量。目前，美国的水果 100 强生产企业（农场）中，94% 采用 IPM 技术（其中 70% 减少化学农药的使用，63% 采用益虫控制虫害，49% 应用生物杀虫剂，24% 生产有机果品）。日本在梨黑星病病害的监测、经济阈限的确定等方面都采用计算机模拟，使得 IPM 决策更准确、更迅速，明显地减少了喷药次数。此外，为减少化学肥料的过量使用，许多国家采用平衡配方施肥技术，建立专家管理系统，指导生产，并工厂化生产安全清洁的有机肥，以达到降低生产成本、减少果园污染的目的。近年，中国等发展中国家也在大力推广无公害水果的生产技术，禁止高毒、高残留农药的生产与使用，以求获得符合卫生标准的安全果品。

2. 无公害梨生产的基本原则是什么?

（1）系统管理原则 无公害梨生产是“从土地到市场”的全过程质量控制，涉及的每个环节均应纳入管理体系之中，要建章立制，做到生产有规程、产品有标志、认证有程序、市场有监督、过程有记录，切实保证无公害梨的质量和产品信誉。

（2）技术配套原则 无公害梨的质量由其生产技术所决定。只有严格执行科学的配套技术，才能生产出符合标准要求的无公害梨。无公害梨生产的外部环境如产地空气、灌溉水、土壤中有害物质背景值是否符合要求，有无工业“三废”排放和生活废弃物污染，生产过程中农用物资（如农药、化肥等）在环境和梨中的富集与残留是否超标，果品在贮运、加工过程中有无污染等，都有专门的规定，必须执行无公害梨产品标准和生产技术规程。

（3）循序渐进原则 我国梨栽培区域非常广阔，各地区的发展状况很不平衡，不大可能在短时间内全部转为生产无公害梨。要按市场规律，循序渐进。市场消费能力、消费观念、消费特点都有一定的阶段性，有不同的档次和层次要求，现阶段无公害果品消费市场尚处于初期培育阶段，无公害梨生产应与之相适应。

3. 怎样进行梨无公害生产？

无公害梨产品是指产地环境、生产过程、产品质量符合国家有关标准和规范要求，经认证合格获得认证证书并允许使用无公害产品标志的未经加工或初加工的食用梨产品。无公害梨生产应遵循以下原则：①施肥以有机肥为主，化肥为辅，保持或增加土壤肥力及土壤微生物活性；②提倡根据土壤分析和叶分析进行配方施肥和平衡施肥，所施用的肥料不应对果园环境和果实品质产生不良影响；③禁止使用剧毒、高毒、高残留农药和致畸、致癌、致突变农药，提倡使用生物源农药、矿物源农药，提倡使用新型高效、低毒、低残留农药。

4. 如何进行梨绿色食品生产？

梨绿色食品生产是指生产地的环境质量符合《绿色食品 产地环境技术条件》，生产中允许限量使用部分化学合成肥料，但是使用化肥时必须与有机肥配合使用，有机氮与无机氮之比为1:1。化肥也可与微生物肥配合使用。尿素既可做基肥也可做追肥，但在作为追肥使用时，最后一次施用必须距采收期30 d以上。绿色食品生产中还禁止使用硝态氮肥。生产过程中允许限量使用限定的化学合成农药，但用量受到严格限制。每一种化学农药在一年中只允许使用一次，在果实中的最终残留量不得超过国际上最低残留限量或国家标准的1/2。此外，最后一次用药时间距采收时间也有严格的规定，一般要求20～30 d。绿色梨果生产对产品实行“从土地到餐桌”的全程质量控制，最终产品质量达到绿色食品产品标准的要求。

5. 怎样进行梨有机果品生产?

梨有机果品指来自有机农业生产体系，根据有机农业生产要求和相应标准生产加工，并且通过合法的、独立的有机食品认证机构认证的梨产品及其加工品。有机梨果品在生产过程中不使用化学合成的肥料、化学杀虫剂、杀螨剂、杀菌剂、除草剂和植物生长调节剂，不采用基因工程获得的生物及其产物，采取一系列可持续发展的农业技术，利用动物、植物、微生物和土壤4种生产因素的有效循环，不打破生物循环链，是纯天然、无污染、安全营养的食品，也可称为“生态食品”。有机梨果在土地生产转型方面有严格规定，考虑到某些物质在环境中会残留相当一段时间，果园从生产其他产品到生产有机产品需要2～3年的转换期，并且在数量上须进行严格控制，要求定地块、定产量。无公害产品是绿色食品和有机食品发展的基础，绿色食品和有机食品是在无公害产品基础上的进一步提高。无公害产品、绿色食品、有机食品都注重生产过程的管理，无公害产品和绿色食品侧重对影响产品质量因素的控制，有机食品则侧重对影响环境质量因素的控制。

6. 建立梨绿色食品基地应当注意哪些问题?

(1) 基地选择 在选址时，除要考虑是否能满足其生长需要外，还应考虑周围环境条件是否符合生产绿色食品的要求。尤其要用发展的眼光去考察环境，例如在选址的周围近期内是否会建设化工厂、发电厂或其他污染环境的设施。

(2) 随时监测环境状况 绿色食品基地应当定期监测本地及周围环境中土壤、水源及空气状况，以保证其始终处于符合国家质量标准范围以内。如发现问题，应及时找出污染源并加以解决，以免最终影响产品的质量。同时，应截断产地外的污染来源，如对外来的有机肥、饲料等进行监测。严格地讲，绿色食品基地应该是一个封闭的系统，不允许从非绿色果品基地引进、交换带有污染性的肥料、加工原料、包装材料等。

(3) 努力提高果品质量 绿色食品必须是优质食品，在保证其安全、无污染的前提下，应采取合理有效的措施，保证生产出优良品质的果品。

(4) 重视病虫测报，减少用药量 在绿色食品生产基地中，要做好病虫害的预测预报工作，坚持以防为主，以治为辅；以生物防治为主，药剂防治为辅；尽量减少用药量。

7. 生产梨绿色果品对环境条件有什么要求？

梨绿色食品生产基地应选在远离城市、工矿企业及车站、码头、公路等地方，以避开有害物质的污染。应对大气、土壤及灌溉水取样检测，符合标准的才能确定为绿色食品生产基地。

（1）大气质量标准 大气质量标准可参照国家《大气环境质量标准》执行。

（2）灌溉水质量标准 绿色食品生产基地灌溉水要求清洁无毒，符合国家《农田灌溉水质量标准》的要求。此外，水质检测还包括细菌总数、大肠杆菌群等有害微生物指标。只有符合 1 ～ 2 级洁净水水质的水才被允许用于绿色果品的生产。

（3）土壤质量标准 基地土壤质量评价的必测项目包括 pH 值，六六六和滴滴涕 2 种农药的土壤残留量，汞、镉、铅、砷、铬 5 种重金属的含量。其中土壤中六六六和滴滴涕 2 种农药的土壤残留量均不得超过 0.1mg/kg。5 种重金属的残留量则因土壤质地的不同而有所差别，一般取当地土壤背景值（本底值）平均数 +2 倍标准差。

8. 生产梨绿色果品对肥料施用有什么要求？

梨绿色果品在生产中只能使用农家肥和非化学合成的商品肥料。矿物质肥料只允许使用铜、铁、锰、锌、硼、铝等微量元素以及硫酸钾、煅烧磷酸盐。农家肥主要是指厩肥、沤肥、作物秸秆、饼肥等。大部分农家肥在使用前必须经过高温堆肥。商品性非化学合成肥料主要指商品有机肥，如腐殖酸肥、微生物肥以及经过加工的农家肥等。在绿色果品生产中应坚持以有机肥为主、化肥为辅的原则。化肥应以复合肥为主，如氨基酸类和腐殖酸类复合肥。尿素既可做基肥也可做追肥，但在作为追肥使用时，最后一次施用必须距采收期 30 d 以上。此外，绿色食品生产中还禁止使用硝态氮肥。绿肥是绿色食品生产中的适宜肥料，因此可在果园中种植苜蓿、草木樨、三叶草等绿肥作物。为了加快梨绿色果品发展，要实施有机肥替代化肥技术，推广“有机肥＋配方肥”“果—沼—畜”“有机肥＋水肥一体化”和“自然生草＋绿肥”模式，推进畜禽养殖废弃物及农作物秸秆资源化利用，减少化肥施用量，实现节本增效、提质增效，促进梨果产业转型升级和可持续发展。

9. 生产梨绿色果品对植保及农药方面有哪些要求？

在梨绿色果品生产中，禁止使用各种有机合成的化学杀虫剂、杀螨剂、杀菌剂、除草剂和植物生长调节剂，如福美砷、氧化乐果、萘乙酸、多效唑、6-苄基腺嘌呤等，禁止使用生物源农药中混配有机合成农药的各种制剂。允许使用的农药种类主要有：①植物源杀虫剂、杀菌剂、趋避剂和增效剂。包括绿灵、烟碱川楝素水剂、除虫菊素、烟草水、鱼藤根等。②矿物油乳剂和植物油乳剂。包括石硫合剂、波尔多液、晶体石硫合剂、绿得保、硫悬浮剂、蓖麻油酸、烟碱乳油、重柴油乳剂等。③有限地使用活体微生物农药。如真菌制剂、细菌制剂、病毒制剂、放线菌、颉颃菌剂，昆虫病原线虫、原虫等。④有限地使用农用抗生素。如春雷霉素、多抗霉素、井冈霉素、农抗 120、浏阳霉素等。

10. 梨绿色果品的质量标准如何？

梨绿色食品的生产要遵循绿色梨果品生产技术规程和要求，还应符合国家农业行业标准《绿色食品 鲜梨》，同时要符合 GB 2763—2014 规定的果品中农药最大残留限量。从人体健康出发，国家在食品卫生标准中对梨果品中有毒有害安全指标做了具体规定，如要求果品中除草剂最大残留量 2,4-滴＜ 0.01 mg/kg，百草枯＜ 0.01 mg/kg，草甘膦＜ 0.1 mg/kg；杀虫剂最大残留量阿维菌素＜ 0.02 mg/kg，吡虫啉＜ 0.5 mg/kg，敌百虫＜ 0.2 mg/kg，毒死蜱＜ 1 mg/kg，氟氯氰菊酯＜ 0.5 mg/kg；杀菌剂最大残留量百菌清＜ 1 mg/kg，苯醚甲环唑＜ 0.5 mg/kg，代森锰锌＜ 5 mg/kg，多菌灵＜ 3 mg/kg；重金属最大残留量汞＜ 0.01 mg/kg，砷＜ 0.5 mg/kg，氟＜ 0.5 mg/kg，镉＜ 0.03 mg/kg，铅＜ 1 mg/kg，铜＜ 4 mg/kg，锌＜ 5 mg/kg。

三、梨品种的选择

1. 多系统梨如何分布？

梨属植物约有35个种，世界上栽培的梨分为两大类，即原产于欧洲、北美洲、南美洲、非洲、大洋洲的西洋梨和原产于中国、日本、朝鲜的东方梨（亚洲梨）。由于东方梨起源于我国，所以又叫中国梨系，包括白梨、秋子梨、新疆梨和砂梨。目前，我国梨栽培涵盖了梨4个种系，在长期的自然选择和生产发展过程中，逐渐形成四大产区，即环渤海（辽、冀、京、津、鲁）秋子梨、白梨产区，西部地区（新、甘、陕、滇）白梨产区，黄河故道（豫、皖、苏）白梨、砂梨产区，长江流域（川、渝、鄂、浙）砂梨产区。

2. 梨品种如何区划？

我国梨重点区域划分为华北白梨区、西北白梨区、长江中下游砂梨区和特色梨区。华北白梨区主要包括冀中平原、黄河故道及鲁西北平原，属温带季风气候，介于南方温湿气候和北方干冷气候之间，光照条件好，热量充足，降水适度，昼夜温差较大，是晚熟梨的优势产区。西北白梨区主要包括山西晋东南地区、陕西黄土高原、甘肃陇东和甘肃中部。该区域海拔较高，光热资源丰富，气候干燥，昼夜温差大，病虫害少，土壤深厚、疏松，易生产优质果品。该区梨面积和产量分别占全国的15%和9%，是我国最具有发展潜力的白梨生产区。长江中下游砂梨区主要包括长江中下游及其支流的四川盆地、湖北汉江流域、江西北部、浙江中北部等地区，气候温暖湿润，有效积温高，雨水充沛，土层深厚肥沃，是我国南方砂梨的集中产区。特色梨区包括辽宁南部鞍山和辽阳的南果梨重点区域，新疆库尔勒和阿克苏的香梨重点区域，云南泸西和安宁的红梨重点区域和胶东半岛西洋梨重点区域。

3. 我国主要栽培的梨优良品种有哪些?

我国梨大量栽培的品种有 100 多个，鸭梨和雪花梨是我国 2 个传统的主栽梨品种。2014 年，我国鸭梨产量为 400.68 万 t，雪花梨产量为 315.53 万 t，分别占梨总产量的 22.30% 和 17.45%，其他梨品种产量之和约占我国梨总产量的 60.25%。据不完全估计，目前酥梨产量约为 320 万 t，是我国产量最多的梨品种，主要分布在安徽、江苏、河南、山西和陕西等省；其他重要品种包括黄冠、翠冠、库尔勒香梨、黄花、南果梨、秋白梨、早酥、苹果梨、绿宝石、京白梨等。从日本、韩国引进的“丰水”“新高”“黄金梨”等以及从欧洲、美国引进的西洋梨如“巴梨”“康佛伦斯”“红安久”等品种表现也较好。

4. 早酥品种特性有哪些?

早酥为中国农业科学院果树研究所培育而成。果实个大，平均单果重 250 g；卵形或卵圆形，果皮黄绿色或绿黄色，果面光洁、平滑，有蜡质光泽，并具棱状突起，无果锈；果点小而稀疏，不明显；梗洼浅而狭，有棱沟，萼洼中深、中广，有肋状突起；萼片宿存，外观品质优良；果肉白色，肉质细、酥脆，汁液特多，味甜或淡甜；果心小，石细胞少，平均可溶性固形物含量 11.0% ～ 14.60%，品质上等。在室温下可贮存 20 ～ 30 d；在冷藏条件下，可贮藏 60 d 以上。（见彩图 1）树势强健，萌芽率高，发枝力中等偏弱，一般剪口下抽生 1 ～ 2 条长枝；以短果枝结果为主，自然授粉条件下花序坐果率 85%，并具早果早丰特性，一般定植 2 ～ 3 年即可结果，6 ～ 7 年生树产量可达 30.0 ～ 37.5 t/hm^2。在辽宁兴城，果实 8 月中下旬成熟。在我国北京、天津、辽宁、河北、江苏、甘肃、山西、陕西、云南等地栽培较多，新疆、山东等省区也有少量栽培。适应性较强；对土壤条件要求不严格，既耐高温多湿又具较强抗旱力，抗寒力亦较强。较抗黑星病和食心虫类危害，但在有些内陆地区栽培，果实容易出现缺钙、缺硼引起的木栓化斑点病，应首先进行土壤改良，或辅以花期喷硼等技术措施。

5. 早金酥品种特性有哪些?

早金酥是辽宁省果树科学研究所以“早酥”为母本、“金水酥”为父本杂交选育而成，具有成熟早、结果早、优质、丰产、采摘期长、较抗苦痘病等优点（见彩图 2）。果实纺锤形，平均单果重 240 g，最大单果重 600 g，平均纵径 8.64 cm，横径 7.63 cm。果面绿黄、光滑，果点中、密。果柄长，梗洼浅。萼片脱落或残存，萼洼浅。果皮薄，果心小，果肉白色，肉质酥脆，汁液多，风味酸甜，石细胞少。硬度 4.76kg/cm^2，可溶性固形物含量 10.8%，总糖含量 8.343%，可滴定酸含量 0.252%，维生素 C 含量 3.372 mg/100g，品质极上。在辽宁熊岳地区，在 4 月上旬萌芽，4 月下旬盛花，果实 8 月初成熟。货架期 20 d 以上。树体生长势较强，幼树生长直立，萌芽率高，成枝力强。腋花芽较多，占总花芽的 28.9%。连续结果能力强。栽后第 2 年开始结果，每花序坐果 2 ～ 4 个，花果早产，丰产，稳产性好。早金酥抗寒性略低于早酥，可在辽宁省辽阳以南地区栽培。

6. 玉露香品种特性有哪些?

玉露香是山西省农业科学院以库尔勒香梨为母本、雪花梨为父本杂交育成的优质中熟梨新品种（见彩图 3）。玉露香继承了库尔勒香梨所特有的肉质细嫩、口味香甜、无渣、果面着红色等优良品质，克服了香梨果小、心大、可食率低、果形不正的缺点，是一个优质、耐贮、中熟的库尔勒香梨型大果新品种。平均单果重 236.8 g，最大单果重 450 g；果实近球形，果形指数 0.95。果面光洁细腻具蜡质，保水性强。阳面着红晕或暗红色纵向条纹，采收时果皮黄绿色，贮后呈黄色，色泽更鲜艳。果皮薄，果心小，可食率高。果肉白色，酥脆，无渣，石细胞极少，汁液特多，味甜具清香，口感极佳；可溶性固形物含量 12.5% ～ 16.1%，总糖含量 8.7% ～ 9.8%，可滴定酸含量 0.08% ～ 0.17%，糖酸比（68.22 ～ 95.31）∶1，品质极佳。果实耐贮藏，在自然土窑洞内可贮存 4 ～ 6 个月，恒温冷库可贮藏 6 ～ 8 个月。幼树生长势强，结果后树势转中庸。萌芽率高，成枝力中等，嫁接苗一般 3 ～ 4 年结果，高接树 2 ～ 3 年结果，易成花，坐果率高，丰产、稳产。山西晋中地区，果实 8 月底 9 月初成熟。树体适应性及抗性强，抗腐烂病能力强于酥梨、鸭梨和香梨，抗褐斑病能力强于鸭梨、金花梨，抗白粉病能力强于酥梨、雪花梨，抗黑心病能力中等。

7. 红香酥品种特性有哪些?

红香酥为中国农业科学院郑州果树研究所以库尔勒香梨为母本、鹅梨为父本杂交选育而成。果实长卵圆形或纺锤形，平均单果重200 g，最大单果重498 g，果面洁净、光滑，果点大；果皮底色绿黄，阳面2/3鲜红色；果肉白色，肉质细嫩，石细胞少，汁多，味甘甜，香味浓，品质极上。郑州地区，果实9月中下旬成熟。（见彩图4）常温下可贮存2～3个月。该品种外观艳丽。适应性强，较抗梨黑星病、黑斑病。是一个极有潜力的红皮、晚熟、耐贮新品种。长势中庸，萌芽率高，成枝力中等，树冠内枝条稍稀疏。长枝甩放后容易成花，成花率高，有腋花芽结果习性。早实丰产，定植后第2年可见花，第3年正常结果，平均株产8 kg，第4年平均株产25 kg，平均每亩产量2 000 kg，第5年进入盛果期，每亩产量3 000 kg。在郑州，果实9月中下旬成熟，只有在成熟期采收，才能保持品种固有的色、香、味；提前采收会严重影响着色面积和色泽深浅，而且会影响风味和品质。

8. 中梨一号品种特性有哪些?

中梨一号，又称“绿宝石”。中国农业科学院郑州果树研究所培育而成（见彩图5）。亲本为新世纪×早酥。果个大，平均单果重220 g，最大单果重450 g；果实近圆形，果面光滑，有光泽，北方栽培无果锈，南方栽培有少量果锈，果点中大；果实翠绿色，采后15 d呈鲜黄色，梗洼、萼洼中深、中广，萼片脱落或残存； 果皮薄，果心中等大小，果肉乳白色，肉质细脆，石细胞少，汁液多，可溶性固形物12.05%～13.5%，风味甘甜可口，有香味，品质上等。在郑州地区果实7月上中旬成熟，自然贮藏20 d，冷藏条件下可贮藏2～3个月。树势较壮，生长旺盛，萌芽率70%以上，成枝力中等，以短果枝结果为主，并有腋花芽结果习性，自然授粉条件下每花序平均坐果3～4个；一般定植2～3年结果，6～7年生树产量可达30.0～37.5 t/hm^2。该品种在晋、冀、鲁、豫等梨主产区均生长结果良好，在长江以南的滇、渝、皖及江、浙地区亦可正常结果。抗逆性强，耐高温多湿，对轮纹病、黑星病、干腐病均有较强的抵抗能力。

9. 黄冠品种特性有哪些?

黄冠由河北省农林科学院石家庄果树研究所培育而成（见彩图 6）。亲本为雪花 × 新世纪。果个大，平均单果重 278.5 g；果实椭圆形，果面绿黄色，果点小，光洁无锈，酷似“金冠”苹果，外观很美；萼片脱落，萼洼中深、中广；果皮薄，果肉洁白，肉质细而松脆，汁液丰富，风味酸甜适口且带蜜香；果心小，石细胞及残渣少；可溶性固形物含量 11.4%，果实综合品质上等。在河北省中南部地区果实8月中旬成熟，自然条件下可贮藏20 d，冷藏条件下可贮至翌年3～4月。树势健壮，幼树生长较旺盛且直立，多呈抱头状；八年生树高 4.35 m，萌芽率高，成枝力中等，始果年早，一年生苗的顶花芽形成率可高达 17%；以短果枝结果为主，且连续结果能力较强，幼树期有明显的腋花芽结果习性。五年生幼树产量可达 1 786.0 kg/ 亩，具有良好的丰产性能。在华北、西北、淮河及长江流域的大部分地区可栽培；对炭疽病、黑斑病等病害有较强的抗性。

10. 翠冠品种特性有哪些?

浙江省农业科学院园艺研究所育成（见彩图 7），母本为幸水，父本为杭青 × 新世纪，浙江省主栽梨品种，在我国长江流域及以南地区有大面积栽培。果实近圆形，果形指数 0.96，黄绿色，果肉雪白色，肉质细嫩、柔软多汁、化渣，石细胞极少，味浓甜，可溶性固形物含量 12% ～ 14%，品质上等，单果重 200 g，最大单果重 500 g，果实可食率 96%。该品种成熟期早，浙江海宁地区果实 7 月下旬至 8 月初成熟，比黄花梨早 20 d，比北方鸭梨早 60 d。生长势明显强于新世纪，萌芽率高，成枝力强。易形成花芽，结果早，以长果枝和短果枝结果为主，丰产，在科学管理的条件下大小年结果不明显。翠冠适应性强，抗逆性强，平地海滩均可栽植，其缺点是果面易形成锈斑。

11. 雪青品种特性有哪些?

雪青为浙江大学农业与生物技术学院园艺系培育而成（见彩图 8），亲本为雪花 × 新世纪。果实大，平均单果重 230 g，最大单果重达 400 g；果实圆形，果皮黄绿色，光滑，外观美；果肉白色，果心小，肉质细脆，汁液丰富，风味甜；可溶性固形物含量 12.5%，品质上等。在北京，果实 8 月上旬成熟。树势较强，幼树生长较旺盛，萌芽率和成枝力较强，始果龄早；以短果枝结果为主，且连续结果能力较强，幼树期有明显的腋花芽结果习性。该品种外观美，品质优，抗性强，结果早且丰产性好，其适应区域广，不仅适宜黄淮海大部分地区栽培，而且在长江流域及南方各省生长结果良好。

12. 锦丰品种特性有哪些?

中国农业科学院果树研究所育成的晚熟耐贮梨新品种（见彩图 9），亲本为苹果梨 × 茌梨。果个大，平均单果重 230 ～ 280 g；果实近圆形，果皮绿黄色，贮后转为黄色，果面平滑，有蜡质光泽，有的具小锈斑，果点中多、大而明显；梗洼浅、中广，有沟，萼洼深、中广，有皱褶，具锈斑，萼片多宿存；果肉白色，肉质细嫩，石细胞少，松脆多汁，酸甜适口，风味浓郁，微具芳香，果心小，可溶性固形物含量 12.0% ～ 15.7%，品质极上。在辽宁兴城果实 10 月上旬成熟，极耐贮藏，一般可贮至翌年 5 月；贮后风味更佳。树势强，萌芽率高，发枝力强，成年树以短果枝结果为主，果台连续结果能力较弱，花序坐果率高达 82.0%，采前落果程度极轻。适于东北西部、华北北部和西北等适栽白梨的广大梨产区，特别适于在西北干凉高地和东北西部丘陵山区推广发展，适应性较强。要求气候条件冷凉干燥，在湿度过大的环境中，果面易出现锈斑或全锈；抗寒力较强，与苹果梨相似，且枝条受冻后恢复能力很强。抗病力强，较抗黑星病；在有些内陆沙滩地种植，果实易发生木栓化斑点病。

13. 库尔勒香梨品种特性有哪些?

库尔勒香梨原产新疆南部，库尔勒地区为其集中产地，且所生产的果实质优味美，最为著名（见彩图 10）。果实中等大，平均单果重 104 ～ 120 g，最大单果重 174 g；果实近纺锤形或倒卵圆形，幼旺树果实顶部有猪嘴状突起，梗洼浅而狭，五棱突出；萼洼较深而中广，萼片脱落或残存；果皮底色绿黄，阳面有暗红色晕，果皮薄，果点极小，果面光洁，果梗常膨大成肉质，尤其以幼树明显；果肉白色，肉质细嫩，汁多爽口，味甜具清香，果心较大，可溶性固形物含量 13% ～ 16%，品质上等。在新疆库尔勒，果实 9 月上旬成熟，可贮至翌年 4 ～ 5 月。植株生长势强，树冠大；萌芽率高，成枝力较强；以短果枝结果为主，腋花芽、长果枝结果能力也很强，自然授粉条件下每花序平均坐果3～4个；管理粗放条件下有大小年结果现象。在陕西、山西、辽宁兴城等地表现良好，抗寒力较强，在最低温度不低于-20℃的地区可获丰产，耐旱，但抗风力差，采前落果重。对病虫抵抗力强，较抗黑心病，食心虫危害也较轻。

14. 黄金梨品种特性有哪些？

黄金梨是韩国用新高×二十世纪杂交育成（见彩图11）。果个大，平均单果重350 g，最大单果重500 g；果实近圆形，果形端正，果肩平；果皮黄绿色，贮藏后变为金黄色，套袋果黄白色；果面光洁，无果锈；果点小、均匀，萼片脱落或残存；果皮薄，果肉乳白色，肉质脆嫩，石细胞及残渣少，果汁多，风味甜，有清香气；果心小，可溶性固形物含量12%～15%。在北京地区，果实9月上旬成熟，于自然条件下贮藏果肉极易变软；1～5℃条件下，可贮藏6个月左右。幼树生长势强，萌芽率低，成枝力弱，有腋花芽结果习性，易形成短果枝，结果早，丰产性好，一般幼树定植后第3年开始结果；大树高接后第2年的结果株达80%以上；自然授粉条件下，花序坐果率70%，花朵坐果率20%左右。在胶东半岛、北京、河北、安徽等地均有一定数量的发展，尤喜沙壤土，沙地、黏土及瘠薄的山地不宜栽培；果实、叶片抗黑星病能力较强。

15. 幸水品种特性有哪些？

日本品种，亲本为菊水×早生幸藏。果实中大，平均单果重200 g；果实扁圆形（见彩图12）；果皮暗褐色，较粗糙；果心小或中大；果肉白色，肉质细嫩，松脆多汁；石细胞少，可溶性固形物含量12%～14%，风味甜，品质上等。在湖北武汉，果实8月上旬成熟。树势稍强，枝生长旺盛，枝条稍细，抽枝力弱，萌芽力中等，着生花芽中等，腋花芽少。定植第3年结果。以短果枝结果为主，不易形成短果枝组。果台副梢抽生能力中等，大多抽生1个，而且弱小，2～3年枯死。每果台坐果1～2个。产量中等。应在土质肥沃、经济实力较强、技术力量较高的地方栽种。抗黑斑病、黑星病能力比较强。抗旱、抗风力中等。

16. 新高品种特性有哪些?

新高原产日本，由日本神奈川农业试验场用天之川 × 今村秋杂交育成，为砂梨系品种。果个大，平均单果重 302.3 g；果实扁圆形，果皮褐色（见彩图 13），果面较光滑，果点中等大小、密集，萼片脱落；果肉乳白色，中等粗细，肉质松脆；果心小，石细胞及残渣少，汁液多，风味甜，可溶性固形物含量 13% ～ 14%；综合品质上等。在湖北武汉，果实 9 月上旬成熟，耐贮藏。树冠较大，树势强健；枝条粗壮，较直立；萌芽率高，成枝力稍弱，以短果枝结果为主，连续结果能力较差。新高的适应性较强，在河北、河南、山东、山西及浙江、江苏等地均可栽培。较抗黑斑病，不抗黑星病，且抗旱、抗寒性较强。

17. 南果梨品种特性有哪些?

南果梨原产我国辽宁省鞍山市，系自然实生后代，为我国东北地区栽培最广的优良秋子梨品种（见彩图 14）。果实个小，平均单果重 58 g；圆形或扁圆形，果皮绿黄色，经后熟为全面黄色，向阳面有鲜红晕，果面平滑，有蜡质光泽，果点小而密；梗洼浅而狭，具沟状；萼洼浅而狭，有皱褶，萼片宿存或脱落；果肉黄白色，肉质细，石细胞少，柔软易溶于口，汁液多，甜或酸甜适口，风味浓厚，并具浓香，果心大，可溶性固形物含量 15.5% ～ 17.7%，品质上等。在辽宁兴城果实 9 月上旬成熟，为鲜食及加工兼用的软肉型秋子梨优良品种，果实常温下可贮存 25 d；在冷藏条件下，可贮藏 120 d 以上。树势中庸，萌芽率高，发枝力弱；果台连续结果能力中等；一般定植后第 3 ～ 4 年即可结果。辽宁鞍山、营口、辽阳等地栽培较多；吉林、内蒙古、山西等省、区及西北一些省、区亦有少量栽培。适应性强，抗寒力强，高接树在 -37℃时无冻害。对黑星病有特强的抵抗能力。

18. 寒红梨品种特性有哪些?

寒红梨是吉林省农业科学院果树研究所利用南果梨为母本、酥梨为父本杂交选育而成。果实圆形，单果重 170 ～ 200 g，果实整齐（见彩图 15）。成熟时果皮多腊质，底色鲜黄，阳面艳红，外观美丽。果肉细，酥脆，多汁，石细胞少，果心小，酸甜味浓，具有一定的南果梨香气，可溶性固形物含量

14% ～ 16%，可溶性糖含量 7.863%，维生素 C 含量 11.97 mg/100 g，品质上等。在吉林省中部地区，果实 9 月下旬成熟。普通窖内可贮藏半年以上，贮藏后品质更佳。树体强健，干性强，长势旺盛。萌芽率较高，成枝力中等，以短果枝结果为主，坐果率高，没有采前落果现象。抗寒力强，一般年份高接树和定植幼树基本无冻害，抗病性较强，不感黑星病和轮纹病。

19. 龙园洋红品种特性有哪些?

龙园洋红为三倍体，是黑龙江省农业科学院园艺分院以 56-5-20 为母本、乔玛梨为父本杂交选育而成。果实为短的粗颈葫芦形（见彩图 16），平均单果重 185 g，最大单果重 440 g，不整齐；果皮黄色，有红晕；果心小，五心室，果肉黄白色，肉质细、软，汁液多，味甜酸，有香气；可溶性固形物含量 16.05%，可溶性糖含量 11.67%，维生素 C 含量 67.15 mg/100 g，可滴定酸含量 0.81%，品质上等。在黑龙江哈尔滨果实 9 月中旬成熟，可贮藏 1 个月。长势强壮，树姿开张，萌芽力及成枝力强，骨干枝分枝角度大。树体可抗 -38℃低温，抗病、抗红蜘蛛能力强。在黑龙江中部以南地区均可栽培，最北栽培到北纬 47.5° 左右的明水、富锦等地。

20. 满天红品种特性有哪些?

满天红为中国农业科学院郑州果树研究所选用幸水与火把杂交育成的优良红色梨新品种。果实近圆形，平均单果重 280 g，阳面鲜红色，光照充足时全面浓红色，外观漂亮。肉质细，酥脆多汁无渣，石细胞少，风味酸甜可口，香气浓郁，可溶性固形物含量 15%，总糖含量 8.37%，总酸含量 0.52%，维生素 C 含量 7.48 mg/100 g，品质上等。在河南郑州，果实 9 月下旬成熟，较耐贮运。幼树生长势强健，枝条粗壮，直立性强；进入结果期树姿开张，连续结果能力强；2 年始果，3 年见产，六年生树累计产量 8 140 kg/亩，丰产、稳产。该品种抗旱、耐涝、抗寒性较好，病虫害少，对梨黑星病、锈病、干腐病抗性强；蚜虫、梨木虱危害较少。该品种适宜在黄淮海流域、西北、西南地区发展，肥水条件好、土层深厚的果园，果实风味、着色好。

21. 康佛伦斯品种特性有哪些?

康佛伦斯原产于英国，为英国、德国、法国和保加利亚的主栽品种。果实中大，平均单果重 163 g。果实为细颈葫芦形，外形比宝斯克美，果肩常向一方歪斜。果皮绿色，后熟为绿黄色，有的果实阳面有淡红晕，果面平滑，有蜡质光泽。果点小，中多，果梗与果肉连接处肥大；无梗洼，有唇形突起。萼片宿存，中等大。萼洼中等深广，有皱褶。果心中大，有 5 个心室。果肉白色，肉质细、紧密，经后熟后变软，易溶于口，汁液多，味甜并具香气，品质上等或极上。可溶性固形物含量 13% ～ 15.8%。在山东烟台，果实 9 月上旬成熟，为中熟的软肉品种。果实不耐贮藏，常温下可放置 15 d 左右。主要用于鲜食。树势中庸。开始结果年龄晚，一般定植后 5 年左右开始结果，以短果枝结果为主，自花授粉结实率高，采前落果轻。抗寒力中等。抗腐烂病能力差，但比巴梨强，虫害较少。果实不耐贮藏，商品价值高。作为中熟、生食品种可在沿海地区城郊和工矿区适量发展。

22. 红巴梨品种特性有哪些?

红巴梨是美国品种，系巴梨红色芽变品种。果个大，平均单果重 225 g；果实粗颈葫芦形，果皮幼果期全面深红色，成熟果底色绿色，向阳面为深红色，套袋果与后熟果底色黄色，向阳面鲜红色；果面平滑， 略有凹凸不平，有蜡质光泽，无果锈；果点小而多，不明显，外观漂亮艳丽；梗洼浅狭，具沟状，有条锈；萼洼浅而狭，有皱褶，萼片宿存或残存；果肉乳白色，肉质细腻，石细胞极少，柔软多汁，风味甜，并具浓香，果心小，可溶性固形物含量 13.8%，品质极上。在辽宁盖州、熊岳，果实 9 月上旬成熟，比巴梨晚 10 d 左右，室温下可贮放 10 ～ 15 d；在冷藏（0 ～ 3℃）条件下，可贮存至翌年 3 月。树势较强；萌芽率高，发枝力强，以短果枝和短果枝群结果为主，隔年结果现象不明显，采前落果较轻。定植后第 3 年少量开花结果，四年生树平均株产 5.6 kg；高接树第 3 年开始正常结果，表现高产、稳产。适于在辽南、胶东半岛、黄河故道等西洋梨适栽的广大梨产区推广发展。其适应性较强；喜肥沃沙壤土，抗寒力弱，在 -25℃情况下受冻严重。易感腐烂病；而抗风、抗黑星病和抗锈病能力较强。

23. 红安久品种特性有哪些？

红安久是在美国华盛顿州发现的安久梨的浓红型芽变品种。果个大，平均单果重230 g；果实葫芦形，果皮全面紫红色，果面平滑有光泽，果点小、中多。梗洼浅、窄，萼片宿存或残存，萼洼浅而窄，有皱褶。果肉乳白色，肉质细，后熟变软，易溶于口，汁液多，酸甜适度，具浓香，含可溶性固形物含量14%以上，品质极上。在山东泰安，果实9月下旬至10月上旬成熟。室温下可贮放40 d；在-1℃冷藏条件下可贮存6～7个月，在气调条件下可贮存9个月。树势中庸；嫁接苗定植后3～4年开始结果，以短果枝结果为主，连续结果能力强。抗寒性强于巴梨。对螨类敏感。适于在渤海湾、胶东半岛、黄河故道等适栽西洋梨的广大梨产区推广发展。其适应性较强；喜肥沃沙壤土，易感腐烂病；而抗风、抗黑星病和抗锈病能力较强。

24. 红考密斯品种特性有哪些？

红考密斯，美国品种，为考密斯的浓红型芽变。果实大，平均单果重220 g，短葫芦形或近球形。果皮为全面紫红色，果面平滑有光泽，果点中大。梗洼浅或无，萼片宿存或残存，萼洼深而广。果心中大，果肉乳白色，肉质细，后熟后变软，易溶于口，汁液多，酸甜具浓香，可溶性固形物含量13%，品质上等。在山东泰安，果实9月中下旬成熟。果实常温下可贮藏30 d。树势中庸，嫁接苗定植后第3年开始结果，以短果枝结果为主，连续结果能力强，抗逆性近似于巴梨。该品种适于在渤海湾、胶东半岛、黄河故道等西洋梨适栽的广大梨产区推广发展。其适应性较强；喜肥沃沙壤土，易感腐烂病；抗风、抗黑星病和抗锈病能力较强。

25. 红茄梨品种特性有哪些？

红茄梨，美国品种，为茄梨的红色芽变。果实呈细颈葫芦形。果个中等大，平均单果重131 g。果面全为紫红色，平滑有光泽，外表美观。果点小而不明显。果梗先端肉质；无梗洼，有轮状皱纹。萼片宿存，小而直立，基部分离；萼洼浅，有皱褶。果心较大。果肉白色，质细脆而微韧，经5～7 d后熟，变软易溶，汁液多，可溶性固形物含量11%～13%，可溶性糖含量8.93%，品质上等。

在辽宁兴城，果实 8 月中下旬成熟。室温可贮存 15 d ；在 0 ～ 5℃条件下，可贮存 60 d。生长势较强，植株高大，萌芽力强，成枝力中等，一般定植 3 ～ 4 年开始结果，以短果枝结果为主，果枝连续结果能力差，较丰产、稳产。红茄梨作为早熟优良品种可在胶东、辽东、华北等适合西洋梨栽植的地区适量发展。同时作为观赏品种，可搞适当的红茄梨盆栽。红茄梨适应性强，抗寒力也强，除抗腐烂病能力不及茄梨外，其他性状与茄梨相似。

四、高标准建园

1. 梨树苗圃地的选择与规划有哪些注意事项?

苗圃地的选择主要应从地理位置和环境条件两个方面进行确定。地理位置以交通便利的梨树种植区为宜，这样既能降低苗木的运输成本，又能满足当地的市场需求。环境条件要能满足苗木生长发育的需要，应选择在背风向阳、地势偏高、土层深厚的地方，土壤以沙壤土或壤土为宜。另外，一定要选在有良好灌溉条件的地方，必须保证水源充足。苗圃地一般由母本园、繁殖区及其他一些基础设施组成。母本园主要用来提供育苗必需的砧木种子和优良品种的接穗等材料，若这些优良的材料在当地很容易被找到，也可不设母本园。繁殖区主要用来繁育苗木（实生苗和嫁接苗），是苗圃地的关键区域。若苗圃地的面积足够大的话，可以适当地留出一些空地作为繁殖区的倒茬区，可避免连作所造成的苗木生长不良。其他基础设施包括道路、排水系统及房屋等设施，以节省开支、便于管理为原则，尽量少占耕地。

2. 梨树育苗的方式有哪些?

我国梨树育苗的方式主要有露地育苗、保护地育苗、容器育苗及植物组织培养育苗。露地育苗是最为传统、应用广泛的一种育苗方式，其特点是育苗的全部过程均在苗圃地的苗床上完成。保护地育苗是利用保护设施（如温室、拱棚、温床及塑料薄膜覆盖等），人为地改变环境条件以适应梨树苗木的生长发育，培育优质苗木。此育苗方式通常是在育苗的前期使用，后期移栽到露地继续育苗。容器育苗是指利用塑料钵、塑料袋、尼龙袋、瓦盆等容器进行育苗，此法的优点是便于苗木全根带土移栽，移栽成活率高。植物组织培养育苗是指在人工配制的培养基中，取植物的离体组织培养成完整的苗木，此法的优点是繁殖苗木速度快，苗木可脱除病毒，多用于培育无病毒苗木。

3. 我国常用的梨属实生砧木有哪些？各有何特点？

（1）杜梨　又名棠梨、海棠梨、野梨子、土梨等，种子褐色，千粒重 14 ～ 35 g。根系发达，喜光，适应能力强，嫁接树体具有抗旱、抗寒、抗涝、耐盐碱、早果、丰产等优点，与中国梨和西洋梨亲和力强。

（2）秋子梨　又名山梨、野梨等，种子褐色，千粒重 35 ～ 62 g。嫁接树体树冠较大，丰产，寿命长，抗腐烂病，抗寒能力极强，但耐盐碱能力较弱，与西洋梨亲和力强。

（3）豆梨　又名棠梨树、鹿梨等，种子小，千粒重 11 ～ 13 g。与砂梨和洋梨亲和力强，树体具有抗旱、抗涝、抗腐烂病、耐热等优点，抗寒力较弱。

4. 梨矮化砧木有哪些？

欧美各国大多利用榅桲作为梨的矮化砧木，选育出了一系列的榅桲无性系，应用比较广泛的有榅桲 A、榅桲 C 和榅桲 BA29 等。由于榅桲具有易感染病毒、固地性差、自根砧适应性不强和抗寒性差等缺点，美国俄勒冈州立大学选育出了著名的 OHF 矮化砧木。此外，比较有前途的西洋梨砧木还有德国的 Pyrodwarf 和 Pyro 2-33，法国的 Pyriam，南非的 BP 系砧木，意大利 Fox 系砧木、东茂林试验站的 QR193-16，以及法国的 Blossier 系砧木和 Rètuziére 砧木等，但国外矮化砧木与中国梨存在亲和性差和适应性不强等问题。

我国选育的梨属矮化砧木，主要有中国农业科学院果树研究所选育的中矮 1 ～ 5 号及由山西省农业科学院果树研究所选育的 K 系矮化砧木。其中中矮 1 号、中矮 3 号、中矮 4 号和中矮 5 号均是从锦香梨（南果梨 × 巴梨）的实生后代中选育出的，中矮 2 号是由香水梨 × 巴梨的杂交后代中选育而成的，这些砧木品种作为梨矮化中间砧与嫁接品种的亲和性良好，嫁接后树体具有矮化、早果、丰产及抗病等特点，利于梨树密植栽培。K 系矮化砧木是以久保、身不知、朝鲜洋梨、二十世纪、菊水、象牙梨等 10 多个品种（系）为亲本，进行杂交所选育出的 K13、K19、K21、K28、K30、K31 等优系，这些优系与嫁接品种的亲和性良好，嫁接后树体具有矮化、早果、丰产、抗逆性强等优点，适于密植栽培。

5. 如何采集砧木种子？怎样贮藏？

采集种子一般在9～10月进行，当果实的颜色达到成熟色泽，果肉变软，种皮颜色变深即可采集。果实采收后，将其放入缸等容器内沤腐果肉，沤腐期间需经常翻动降温，待果肉腐烂后，揉碎洗净取出种子，置于阴凉干燥处晾干。

晾干后的种子在层积前需进行贮藏。可将种子装在麻袋、布袋或筐内置于阴凉干燥的室内、仓房或地窖内，要求贮藏间内空气相对湿度保持在50%～70%，温度在0～8℃，贮藏期间注意保持贮藏间的空气流通。

6. 如何进行种子的层积处理？

种子在播种前，需进行一段时间的层积处理来解除休眠，促进萌发。具体做法为将贮藏的种子取出，去除杂质后，将种子与湿沙（手握成团但不滴水）按照1:5的比例混匀后，放在室内、地窖或容器中，再在表面覆一层5 cm左右的湿沙，也可一层种子一层湿沙，期间注意保持沙子的湿度。若种子数量较多，也可进行露地层积，冬季不太寒冷的地区可地面层积，寒冷地区需挖沟层积，沟深需避开冻土层。值得注意的是，除了容器外，无论在哪种条件下层积，都需在底层先铺设5 cm左右的湿沙，露地层积还要注意雨雪的防护。层积时间因种子的不同而有所差异，一般杜梨为60～80 d，豆梨为10～30 d，山梨为50～60 d。

7. 如何播种梨砧木种子？

播种一般分为春播和秋播。冬季寒冷、干旱的地区应选择春播。播种地应提前做好施肥、整地、做畦等工作。待播的种子在经过层积处理后还需浸种催芽，当有一半左右的种子露白后方可播种。播种前先细耙土壤，然后开沟灌底水，待水下渗后进行条播，播后及时覆土、覆膜。整地后也可进行撒播，即将种子均匀地撒在畦床上，然后覆土、覆膜或搭建塑料小拱棚。种子发芽后即可去除地膜等覆盖物，之后进行正常的田间管理工作，如灌水、施肥、除草、病虫害防控等。

8. 嫁接苗常用的嫁接方法有哪些？ 各有何特点？

培育嫁接苗所用的方法有很多，主要为芽接和枝接。

（1）芽接 主要有“T”字形芽接法和嵌芽接法。

1）“T”字形芽接法（又叫“丁”字形芽接法）。嫁接时，先在砧木适宜嫁接部位选光滑无分枝处切一“T”字形切口，深达木质部。然后用刀从芽的上方 0.5 ～ 1 cm 处横切一刀，再从芽的下方 1.5 cm 处削入木质部，纵切长约 2.5 cm，用手轻轻掰动取下芽片，再用刀柄把“T”字形切口挑开，将芽片由上向下轻轻插入，直到使芽片上端与“T”字形切口对齐，迅速用塑料条捆绑，注意要将接芽和叶柄全部包紧、包严。

2）嵌芽接法是在接穗芽的上部 1 cm 处，向下斜切一刀，深达木质部，再在接穗芽的下部 1.5 cm 处横切一刀，取下芽片。 在砧木的嫁接部位从上向下斜削一刀，切口比芽片稍长，取下芽片，迅速将接穗芽片紧贴在砧木切口处，用塑料条绑紧。

（2）枝接 主要有插皮接、劈接和切接。

1）插皮接，又称皮下接。在接穗下部削 一个 3 ～ 5 cm 的长削面，再在削面的对面削一个 1 ～ 2 cm 的小削面。在砧木的嫁接部位选光滑处截断，截面要平滑，再用刀在砧木断面皮层上纵切一刀，挑开，将接穗插入后用塑料条捆绑。

2）劈接。先在砧木的嫁接部位选光滑处截断，截面要平滑，用劈接刀在砧木中央垂直下劈，深 4 ～ 5 cm 。取多芽接穗在芽下方削 3 ～ 5 cm 的斜面，削面背部再削 1 ～ 2 cm 的斜削面，要求切面平滑整齐，迅速将接穗插入砧木切口，使形成层对齐贴紧，用塑料条绑紧包严。

3）切接。在欲嫁接的部位将砧木截断，剪锯口要平，然后用切接刀在砧木横切面 1/3 左右的地方垂直切入，深度应稍小于接穗的大削面；再把接穗剪成有 2 ～ 4 个饱满芽的小段，在接穗下方削一个 3 cm 左右的大斜面，另一面削一个 1 cm 左右的小斜面，要求削面平滑，迅速将接穗长削面向里插入切口，使形成层对齐贴紧，用塑料条绑紧包严。

生产实践证明，采用枝接法的嫁接苗长势要远远好于芽接的。因此在资源充足、砧木较粗的情况下，应该采用枝接法；若接穗资源紧张、砧木较细，可使用芽接法。

9. 如何管理嫁接苗？

嫁接后 15 d 左右检查成活率。凡是接芽保持新鲜状态或叶柄一触即落表示嫁接成活，应及时解绑。解绑后，在接芽上方 0.5 cm 处剪砧，并向接芽对面稍倾斜。剪砧后对砧木上长出的萌蘖要及时抹除。在嫁接苗生长期间要适时除草、追肥，干旱时要及时灌水，同时还要注意病虫害防治。

10. 如何选择梨园园地？

根据地理位置的不同，梨园可分为平地梨园和山地梨园两种。平地梨园一般应选在交通便利、水源充足或灌溉条件好的地方，以背风向阳、地势平坦、土层深厚、富含有机质的沙壤土或壤土为宜。梨园最好能集中连片；在满足土壤条件的山地建园，还应考虑到山地的坡度、坡向等条件，坡度不宜太大，这样不利于梨园的水土保持，坡向以西南或东南偏向为好。梨园一般要求年平均温度在 6 ～ 23℃，年日照时数 1 600 ～ 2 800 h，无霜期在 150 d 以上，年降水量在 450 mm 以上，地下水位在 1 m 以下，土壤适宜 pH 值 5.4 ～ 8.5，pH 值越接近 6.5，越有益于土壤微生物活动，土壤中的营养元素也越容易被果树根系吸收。要注意尽量避免在风口或洼地建园，以免发生风害或冻害。

11. 如何规划梨园？

视梨园规模大小划分，按小区整地，并配备排灌系统。丘陵山坡地梨园需修筑梯田，梯田的内侧需挖宽、深各为 20 cm 左右的排水沟，将挖出来的土置于梯田外侧用于修筑台埂。梨园需设主干道，各小区间设支路，支路直达主干道。另外，要在梨园四周栽植防护林，改善梨园气候环境，防止或减轻自然灾害的发生，通过促进梨园的生物多样性起到控制病虫害的目的。

选择适宜当地环境条件的优良品种，一般以 1 ～ 2 个品种为主。在国外，为了管理方便，一般都栽植专用的授粉树，但国内考虑到果园的经济效益，授粉品种一般也为梨品种。为主栽品种选配的授粉品种应与主栽品种的物候期相一致，结果期和成熟期也要尽可能一致，同时要与主栽品种有良好的授粉亲和力，能产生大量的花粉，满足授粉要求。每隔 3 ～ 4 行主栽品种可配置 1 ～ 2 行授粉树，也可每隔 2 ～ 4 行栽植与主栽品种相等数量的授粉树。

在风沙较大的地区，栽植的苗木容易出现吹偏、吹劈的现象，因此需设立支架。幼苗期可在每棵树旁插竹竿以扶直中心干，但第2年需顺行立水泥杆，杆高一般在3 m左右，地下埋50 cm，间隔为10～12 m，具体可根据株距进行调整，杆间需拉3～4层铁丝用来绑缚苗木以扶直中心干。

12. 大苗建园有何好处？

健壮的苗木是梨园早果、丰产、稳产的基础。采用的苗木在苗圃经过整形和良好的土肥水管理，苗高1.5～2.0 m，嫁接口愈合良好，嫁接口以上5 cm处粗度1.2 cm以上，整形带内饱满芽8个以上，苗茎的倾斜度不大，茎皮无干缩皱皮、无伤，侧根分布均匀、舒展、不卷曲，主根粗4～5 cm，侧根至少5条，每条长15 cm以上，有较多的须根，不带病菌与害虫，采用具有4～6个主枝的三至四年生大苗定植，一般栽后当年就始花挂果，翌年即可投产，4年进入盛果期。比用一年生嫁接一级苗建园，提早2～3年投产和丰产。

13. 如何确定梨树栽植时期？

梨树的栽植一般在果树落叶后至萌芽前进行，分为秋栽和春栽。秋栽在梨树落叶后至土壤封冻前进行，此时栽植的苗木，根系愈合速度快，缓苗期短，成活率高。但在寒冷地区，入冬前要将苗木埋土。春栽是在土壤解冻后至萌芽前进行，此时栽植的苗木，较秋栽苗缓苗期长，生长缓慢，干旱和寒冷地区采用此法。值得注意的是，栽植前需先将骨干根剪成平滑剪口，之后将苗木根系置于水中浸泡12 h以上，以提高苗木的成活率。

14. 如何建立矮砧梨园？

矮砧梨园，种植密度是梨园产量最重要的影响因素，考虑到梨园的地理位置及灌溉条件的不同，山地果园建议采用株行距为(1.5～2.5)m×(3.5～4.5)m的栽植密度；灌溉条件好的平地梨园，可建立高密梨园，采用株行距为(1～1.5)m×(3～4.0)m的栽植密度。栽植前，株行距挖宽80 cm、深60 cm的栽植沟，表土与底土分别堆放，底层压入10～15 cm的作物秸秆，每亩施3 000～5 000 kg腐熟农家肥，用表土回填，灌水沉实。按设计好的株行距从栽植沟内定点挖 40cm 左右见方的坑，将梨苗放入坑内，使苗的根系均匀分布在坑内，扶直回填，边填边踩。栽后及时灌水，待水渗下后回填封土，苗木的中间砧以露出一半为宜。1 周后，再次灌水，待水渗后，覆膜保墒。中间砧的入土深度决定着其树势的强弱，中间砧埋入地下越多，树势越强，反之越弱，有经验的果农可根据自己的实际要求对中间砧的入土深度进行调整。栽植的同时，可用营养钵假植 10% ～ 15% 的苗木，待苗木发芽展叶，检查整园的成活情况后，及时进行补栽。

15. 架式栽植梨园有什么好处？如何操作？

架式栽植的梨园，可以将苗木绑缚在钢丝线上，从而防止苗木出现吹偏、吹劈的现象，保证苗木横、纵、斜成行，提高果园的整齐度。

立杆可在苗木定植的当年或第 2 年进行，以水泥杆为主，杆高控制在 3 m 左右。若为了节省开支，水泥杆也可分为粗、细两种规格，仅将粗杆用作边杆，其余行内杆均为细杆。在每行的两端平行延伸处，距边树 0.5 m、2.0 m 处用白灰定点挖坑，行内从 0.5 m 处的边杆开始顺行记数，每 10 ～ 12 m 的间隔用白灰定点挖坑，具体间隔可根据株距进行调整，以不起苗为原则。行内坑及 0.5 m 处的边坑要求长、宽各 30 cm，深 50 cm；2.0 m 处的坑要求长、宽、深均为 50 cm，用于边杆固定桩的掩埋。边杆立埋时要保证边杆与地面夹角保持在 60° ～ 70°，再进行回填。边杆固定桩可选用大的石块或报废的水泥杆，用刷过漆的钢丝绳一头固定在固定桩上，置于坑内，用水泥进行回填，另一头系在边杆顶端处，用卡扣固定，注意钢丝绳的中部应加一个紧线器，待两端固定好后，可用紧线器调整钢丝绳的松紧度。杆间需拉 3 ～ 4 层 12 号规格的护套或防锈钢丝线，钢丝线间距以 60 ～ 80 cm 为宜。立架完成后，每逢下雨天需对歪杆进行扶直，直到再不出现歪杆为止。

五、梨树的种植管理

1. 梨树定植当年如何定干?

定干高度取决于苗木的质量，苗木高度 1.5 m、粗度 1.2 cm 以上的高质量苗木栽植当年不需要定干；苗木高度 1 ～ 1.5 m、粗度 0.8 ～ 1.2 cm 的可在距地表 70 ～ 80 cm 处选留饱满芽处定干；苗木高度 80 cm 以下的可以低定干，或在距中间砧接口 10 ～ 20 cm 短截，促发强壮的中心干。

图1　定干

2. 梨树如何做好刻芽?

梨树由于其自身的生理特性，在栽植当年定干后，很难长出理想的主枝，往往要采取诸如二次定干的方法来配备主枝，这无疑不适应现代早果速丰技术的要求，采用刻芽比较好地解决了这个问题，长出的主枝角度比较理想，减少了以后拉枝的用工量，适宜大面积推广。具体做法是，春季萌芽前，定植当年不定干或高定干的植株中心干除距地面 60 cm 以下、梢部 20 cm 以上不刻，其他芽体全部进行刻芽，促使芽体定向抽枝，加快骨干枝培养形成。以后在树干缺枝的方位选芽体饱满者重刻伤，使之发出的枝成为中长枝，占领空间，平衡树体结构。

图2 刻芽促分枝

3. 什么是梨树的整形修剪？有什么作用？

梨树的整形修剪包括整形与修剪两个部分。整形是指人们根据梨树不同品种的生长发育特性及不同的栽培生产需求，运用一些修剪技术手段，使其树体达到预期的形状和结构。修剪是指利用修剪工具，对梨树的枝、芽等器官进行的截、疏、缩等处理。整形是通过修剪技术完成的，而修剪又是在整形的基础上进行的。

整形与修剪是密不可分的两个部分，同时也是实现梨树丰产、优质、高效的必不可少的技术环节。合理地整形修剪可以改善树体与周围环境的关系，提高光能利用率，另外良好的通风透光性还可以减少病虫害的发生。通过整形修剪还可以起到调节树体的地上和地下部分、营养生长和生殖生长以及营养的均衡分配的作用。

4. 梨树整形修剪常用的方法有哪些？各起什么作用？

（1）短截　是指截去一年生枝的一部分。根据截去程度的不同，分为轻短截、中短截、重短截及极重短截。短截的主要作用是促使一年生枝抽生新梢，增加分枝数量。短截程度越重，分枝数量越少，营养生长越旺，越不利于成花结果。

图3　重短截

（2）回缩　是指截去多年生枝的一部分。回缩的部位不同，其作用也不同。若回缩在壮分枝处，则起到复壮的作用，如结果枝组的更新培养、多年生枝角度及长度的调整、衰老树的复壮等；若回缩在弱分枝处，则起到抑制生长势的作用，如对辅养枝的控制、对强壮骨干枝的控制等。

图4　疏枝

（3）疏枝　是指将枝条从基部疏除。一般用于竞争枝、背上直立枝、萌蘖枝、病虫枝、轮生枝、交叉枝、下垂枝等的疏除。疏枝可提高树体的通风透光能力，减少树体的营养消耗，对病虫害的防治也能起到一定的作用。

（4）长放　是指对一年生枝长放不剪。长放可缓和树势，增加梨树的树体生长量，增加中短枝的数量，促进花芽的形成。

（5）刻芽　是指在芽的上方或下方 0.5 cm 处用刀或锯条刻一道，深达木质部。刻芽在春季芽萌动前进行。

图5　拉枝

（6）拉枝 是指把枝条拉开一定的角度。拉枝一年四季均可进行，以秋季最佳，拉枝角度以 70° ～ 80° 为宜。拉枝可以抑制树体的营养生长，使营养物质重新分配，有利于短果枝和花芽形成，从而达到早果丰产的目的。

（7）摘心 即打顶，指将新梢顶端的嫩尖去除。摘心的主要目的是缓和枝条的生长势，促发分枝，增加枝叶量，培养结果枝组。摘心时间一定要掌握好，不能过早，也不能过晚，一般当新梢长至 20 ～ 25 cm 时进行。

（8）环剥与环割 环剥是指用刀剥去主干或主枝上的一圈皮，深达木质部，宽度一般控制在 1 cm 内；环割是指在枝干上横割一道或数道圆环，深达木质部，较环剥法保险，不易造成死枝或死树，但效果不如环剥明显。环剥与环割可以阻止养分向下运输，将碳水化合物积累在伤口上方，抑制当年的营养生长，促进生殖生长，利于树体的花芽形成和提高坐果率，此法多用于幼旺树。

5. 什么是小冠疏层形？如何整形？

小冠疏层形：树高 3 m 左右，干高 60 ～ 70 cm，第 1 层 3 个主枝，第 2 层 2 ～ 3 个主枝，第 3 层 1 ～ 2 个主枝。各层主枝上均不留侧枝，直接着生结果枝组。

苗木定植后，在距地面 80 cm 处选留饱满芽定干，在剪口下 20 cm 整形带处选方位角、层内距离适宜的 3 个饱满芽处进行刻伤，其他芽体全部抹除。在 8 月上旬至 9 月中旬，将选留的 3 个主枝拉平，冬剪时 3 个主枝选背下饱满芽

图6 小冠疏层梨树整形后开花期展示

剪留至60 cm处，不够60 cm的，选饱满芽处剪留，其他枝条全部疏除。第2年，对主干发出的枝选2～3个作为辅养枝，选取靠上部方位角、层内距离适宜的2～3个枝作为第2层主枝进行培养，方法同第1层主枝的培养，对第一层主枝选取背下饱满芽处短截，除选定的辅养枝和主枝外，其他枝全部疏除。第3年，继续对第1、第2层主枝短截，辅养枝要注意及时拉枝，疏除延长头的竞争枝及背上直立枝等。第4年，选方位角、层内距离适宜的1～2个主枝作为第3层主枝，培养方法同第1、第2层，继续对第1、第2层主枝短截，辅养枝要注意及时拉枝，疏除树体的竞争枝及背上直立枝等。

6. 什么是自由纺锤形？如何整形？

该树形干高60 cm，树高3 m，主枝与中央领导干粗细比例为1:（2～3），主干上留10～15个小主枝，主枝角度80°～90°，成龄后的树体冠幅上小下大，呈纺锤形，成形快，易修剪，方便管理。

苗木定植后，在距地面70～80 cm处定干，抹除剪口下第2芽及50 cm以下的全部萌芽，当年可立竹竿扶直幼树，使其直立生长。在8月上旬至9月中旬，选择分布均匀、间距20 cm左右的新梢做骨干枝，并将其拉至80°～90°为宜，在冬剪时将其他枝条全部疏除。第2～3年，春季萌芽前，在主干分枝不足处进行刻芽促发新枝，中心干延长头长放不剪。夏剪时疏除背上过旺、过密新梢，

图7　三年生高纺锤形梨树开花状

新梢间距应保持在 30 cm 左右。继续第 1 年的方法选留主枝并拉枝。第 4 年及以后，树形基本成形，树高控制在 3 m 左右，修剪方法主要是疏除和长放，中心干上的枝组一般每 5 ～ 6 年需更新一次，每年可更新 2 ～ 3 个主枝。中心干长势太强，可用弱枝代头，但不能落死头。

7. 什么是圆柱形？如何整形？

该树形主要适用于密植梨园，多采用（0.75 ～ 1）m×（3.5 ～ 4）m 的株行距。干高 60 cm，树高 3 ～ 3.5 m，主枝与中央领导干粗细比例为 1:（3 ～ 5），主干上留 20 ～ 25 个小主枝，主枝角度 80° ～ 90°，成龄后的树体冠幅上下基本一致，呈圆柱形，成形快，易修剪，方便管理。

图 8　四年生圆柱形开花状

苗木定植后，不定干或高定干，抹除剪口下第 2 ～ 4 芽及 60 cm 以下的全部萌芽，当年可立竹竿扶直幼树，使其直立生长。从地面以上 60 cm 处开始刻芽，中心干延长头 30 cm 以内不刻，其余芽全部进行刻芽促分枝。分枝长到 20 ～ 30 cm 时用牙签打开基角，8 月上旬至 9 月中旬，将其拉至 80° ～ 90° 为宜。第 2 ～ 3 年，春季萌芽前，在主干分枝不足处进行刻芽，促发新枝，中心干延长头长放不剪，单轴延伸。夏剪时疏除背上过旺、过密新梢，疏除中心干上粗度超过中心干 1/3 的分枝，疏枝时采用斜剪口留橛的方式进行，促发小弱枝代替原来的粗枝。第4年及以后，树形基本成形，树高控制在3～3.5 m，修剪方法主要是疏除和长放，中心干上的枝组可随时进行更新，每年可疏除2～3个主枝。后期树冠下部的分枝太长时，可在原有长度的1/3～1/2处进行回缩，以利于更新复壮。

图9　四年生圆柱形结果状

8. 什么是篱壁形？如何整形？

篱壁形：树高2.8～3 m，干高50～60 cm，树形分3层，每层2个主枝。篱壁形要求梨园立桩拉线，将主枝绑缚于铁线上。

图10　篱壁形梨树

苗木定植后，在距地面 70 ～ 80 cm 处选留饱满芽定干，在剪口下 20 cm 整形带处进行刻芽，其他芽体全部抹除。在 8 月上旬至 9 月中旬，选择 2 个生长旺盛的枝条作为主枝顺行向拉平，绑缚于第 1 层铁丝上。冬剪时在中心干 80 cm 处短截。第 2 年，对中心干发出的枝选 2 ～ 3 个作为辅养枝，在距第 1 层 70 cm 左右处选择 2 个生长旺盛的枝条作为主枝，顺行向拉平，绑缚于第 2 层铁丝上。第 3 年，辅养枝要注意及时拉枝，疏除树体的竞争枝及背上直立枝等，在距第 2 层 70 cm 左右处将中心干拉平，从中心干上选择一个强旺枝向相反方向拉平，作为第 3 层的两大主枝。冬季修剪以缓放为主，适当轻短截。

9. 什么是自然开心形？如何整形？

自然开心形：多适用于乔砧梨园，无明显的中心干，树高约 3 m，干高 60 cm 左右，主干上分 3 个主枝，主枝上分生侧枝，侧枝上再分结果枝组。3 主枝水平方向夹角为 120° 左右，基角 45° ～ 50° 。

苗木定植后，在距地面 70 cm 处定干，在剪口下 20 cm 整形带处选方位角、层内距离适宜的 3 个饱满芽处进行刻伤，其他芽体全部抹除。当顶端新梢长到 20 cm 时扭梢。在 8 月上旬至 9 月中旬，将选留的 3 个主枝进行拉枝，基角开张到 45° ～ 50° ，冬剪时 3 个主枝选背下饱满芽剪留至 60 cm 处，不够 60 cm 的，选饱满芽处剪留，其他枝条包括顶端扭梢枝全部疏除。第 2 年在 8 月上旬至 9 月中旬对主枝延长梢拉枝，开张角度 45° ～ 50° ，在主枝两侧每间隔 30 cm 左右选一侧枝进行拉枝，侧枝与主枝的夹角约 90° ，冬季修剪时继续对主枝延长枝短截，轻截侧枝。第 3 ～ 4 年，修剪同上，并及时疏除树体的竞争枝、过密枝及背上直立枝等。

10. 整形修剪在一年中的什么时候进行为好？

整形修剪原则上只要不造成梨树的营养损耗、不影响开花结果以及树体的正常生长等，在一年中的任何时候都可进行。修剪时期分为休眠期（从落叶期到萌芽前）和生长期两个时期。休眠期修剪是在梨树的休眠期进行，对树体生长的影响较小，主要用来对树体树冠、枝梢生长和结果枝形成进行控制，修剪方法以截、缩、疏、放为主。生长期修剪是在梨树的生长期进行，此时树体生长旺盛，主要用来改善树体的通风透光条件，修剪方法以抹芽、扭梢、摘心、拉枝、疏剪为主。

11. 梨树夏季修剪有哪些注意事项?

（1）严格掌握夏季修剪的时间 夏季疏枝一般在 6～7 月进行，其间可对一些直立枝、旺长枝、过密枝进行疏除，用于改善梨树的通风透光条件，平衡树势。拉枝一般在 8～9 月进行，用于改变枝梢的生长方向，缓和枝势。一旦错过适宜的时间，就会影响修剪效果，有时还会产生不利的影响。

（2）严格控制修剪量 夏季修剪主要是用来平衡树势，修剪不宜过重，适当地修剪，以改善梨园及树体的通风透光性即可，对于没有必要留的大枝，也尽量留到冬剪时再疏除，以免伤口太大，引起病虫害的发生。

（3）修剪方法不可生搬硬套 不同地区、不同品种、不同树势、不同树龄的梨树其生长势各不相同，要根据不同的树体情况采取相应的修剪技术，要掌握各个修剪法的不同作用，因树而异，不可千篇一律。

12. 梨树冬季修剪有哪些注意事项?

（1）冬剪时间的确定 冬剪一般在梨树落叶后至翌年春季萌芽前进行。但是在冬季寒冷地区，落叶后修剪，伤口愈合慢，伤口部位容易发生病害，应选在萌芽前 20 d 左右进行，剪后及时在伤口上涂抹伤口愈合剂加以封口保护。

（2）树体主从关系的确定 冬剪时要按照中心干强于主枝，主枝强于侧枝，骨干枝强于辅养枝的顺序进行修剪，理清主从关系，平衡树势。

（3）保证结果枝组的更新轮换 结果枝组每 5～7 年就需要更新一次。对因多年结果而变弱的枝组，要进行回缩或疏除。用新生枝条取代老弱结果枝，对周围空间较大的徒长枝也可进行拉枝，以培养新的结果枝组来替换老的结果枝组。

13. 梨树在大小年时如何修剪?

梨树在大年时，花芽多、叶芽少、结果多、营养消耗大，极大地影响后期树体的营养积累，若不及时修剪，翌年势必是小年。因此，必须大量地疏除多余的花，并适当地疏除过多的结果枝组。对中长结果枝要适当短截，对长势较弱的细长枝要轻剪回缩，对长势强的营养枝可长放不剪，对过多、过密枝要及时疏除，过多的大型结果枝组也要适当疏剪。

梨树在小年时，花芽少，且多分布在树冠外围，果台芽满树可见，若不修剪，翌年必定是大年。因此，要多留花芽，对中长果枝不短截，要做到有花必留，使小年多结果。对当年无花的结果枝组上的分枝要进行适当的短截，以便抽生新枝，对一年生枝要进行重短截，促使其多发新枝，外围枝要在壮枝、壮芽处进行短截回缩。

14. 初果期梨树怎样修剪？

初果期梨树修剪的主要任务是培养骨干枝和结果枝组，扩大树冠，完成整形任务，促进早期丰产。骨干延长枝要逐年短截，调节其长势和伸展角度。中心干延长枝长势弱的，可不短截，但延长枝长势强的话，需采取换头的方法加以调控，也可先进行短截，再选弱枝换头。结果枝组的培养，是此时期修剪任务的重点，对周围空间大的长枝，可先进行短截，促发分枝，再对分枝进行短截，以培养大型结果枝组；若周围空间较小，则放任不短截，促发短枝，培养中小型结果枝组，待枝势变弱后再回缩。培养结果枝组要注意合理分配，以平衡树势。另外还要注意辅养枝的培养，初果期的辅养枝也具备结果的能力，可对其轻剪缓放，拉枝促花，成花结果以提高产量。

15. 盛果期梨树如何修剪？

进入盛果期的梨树，树体结构已经形成，结果量逐年增加，若管理不合理，容易出现大小年现象。此时修剪的主要任务是保持树形，平衡生长与结果的关系，控制树势。长势旺的梨树要多疏除旺枝，多留花芽，以果压树；长势弱的梨树要多疏除弱枝，短截强枝，部分结果枝组也可适当短截，少留花芽，增强树势。盛果期的梨树容易出现外强内弱、外围枝多的情况，应多疏除外围的过密枝，内膛枝要多留，短截，促发新的结果枝组。但内膛的过密枝、交叉枝、病虫枝也要剪除。每年对弱的结果枝组进行更替，培养成新结果枝组的新梢要每年分批短截，要有计划地进行更替。骨干延长枝可适当重剪，修剪程度不能忽轻忽重，一般截留枝长的 1/2 左右即可。

16. 衰老期梨树如何修剪?

衰老期梨树修剪的主要任务是更新复壮、恢复树势、延长结果期。对衰老的主枝、侧枝可选良好的背上枝部位进行缩截，骨干枝可重截促发新枝，培养新的结果枝组。老的结果枝组应去弱留强，短截回缩，对结果能力低的结果枝组要有计划地逐年更替。树冠中的病虫枝、干枯枝要全部疏除，细弱枝若枝上有好芽，可短截至好芽处，不必疏除。要特别注意衰老树上的隐芽，它对树体的复壮更新起着很重要的作用，可进行较重的修剪刺激，促发新枝。若中心干已极度衰弱，可直接疏除，把树冠改成开心形。另外，衰老期梨树的根系也已衰老，在不损伤大根的前提下，还可通过深翻断根的方法来促发新根，延长寿命。

图 11　衰老树高位开心修剪

17. 不结果旺长梨树怎么修剪?

不结果旺长梨树主要是由于修剪管理不当或肥水供应太足所造成的。这类树主要表现为生长势强、直立枝多、长旺枝多、中短枝少。修剪的主要任务是开张骨干枝角度、缓和树势、促发短枝。对于中心干和骨干枝上的过密枝、交叉枝、重叠枝、平行枝，能变向处理的枝，要尽量变向处理，可疏的枝要疏。粗的骨干枝可使用三连锯的方法开张角度，骨干延长枝要轻剪缓放，促发分枝。在骨干枝的中下部，特别是光秃部位，可以利用徒长枝、背上直立枝等进行变向缓放，由强转弱，培养新枝组。对中心干上部的枝条要实行缓放，分散上部的强壮树势；中心干下部的枝条，可在基部上方进行刻伤，增强下部的树势；对中心干上准备改造的骨干枝，应尽量改造成辅养枝。修剪时间最好安排在春季萌芽时进行，这样对削弱顶端优势、分散养分能起到很好的作用。

图 12　疏除低位枝

图 13　疏除双杈枝

图 14　疏除把门枝

图 15　疏除背上直立徒长枝

18. 盆景梨树如何修剪?

图 16　抹芽

盆景梨树的观赏造型主要有自然圆头形、弯曲圆头形、披散形、三枝杯状形、龙曲形、凤尾形、丁字形等，个人可根据盆栽梨树的品种特性及所要达到的观赏树形进行修剪。由于梨树的生长势强，对盆栽梨树的修剪主要用刻伤、抹芽、摘心、打头、拉枝、扭枝、缩剪等方法来调整枝条方向，控制树势，促发分枝，培养结果枝组。树体高度控制在 60 cm 左右。还可对树体喷施生长调节剂，促使树体矮化，减弱生长势。为了增加梨树的苍老感，有的人也喜欢在梨树的树干上刻几道线，具体可根据个人喜好操作。

19. 梨园地面覆盖的方式主要有哪些？各有何特点？

（1）有机物料覆盖　梨园地面覆盖的方式很多，但有机物料覆盖是目前生产中最常用的方法。梨园覆盖有机物料能有效地阻止地面的水分蒸发，较好地保持土壤水分，同时可提高土壤有机质含量，减少硝态氮的流失，保持稳定的土壤 pH 值，有效地改良土壤。有机物料覆盖一年四季均可进行，覆盖材料以野草、秸秆、糠壳、锯末为宜，覆盖时需先灌水，后铺有机物料，厚度应保持在 15 ～ 20 cm，覆盖时应注意需距离树干 20 cm 以外。但有机物料覆盖会导致梨园表层吸收根增多，表层会有暂时的缺氮现象，因此覆盖时，可适当地添加速效氮肥或腐熟的有机肥。

（2）塑料薄膜覆盖　以树盘覆盖为主，一般在早春进行。覆盖后能显著提高地温、保持土壤水分、抑制杂草的生长、促进梨树根系的生长发育。但长期覆膜会导致土壤肥力下降。另外未被清除的塑料碎屑还会造成土壤污染，这些都将影响梨树的正常生长发育。

图 17　梨园地膜覆盖

20. 梨园覆盖有哪些注意事项?

第一，土壤瘠薄果园覆盖秸秆不能完全代替施肥，在果树生长需肥的关键时期，仍要施用足量的有机肥或速效化肥，应将肥料撒施后进行覆盖。

第二，应用秸秆覆盖技术，果园宜实行免耕。

第三，覆盖后要经常及时地对覆盖物进行检查，防止病虫鼠危害果树，必要时可在覆盖物上喷洒杀虫、杀菌药剂。

第四，覆盖果园要有良好的排水系统，以防多雨年份造成土壤湿度过大，影响根系发育和果树生长。

21. 梨园行间生草有何特点? 如何管理?

在土壤贫瘠、土层深厚、有机质匮乏、易水土流失的果园可采用行间生草来改良土壤。生草分为自然生草和人工生草。自然生草可利用果园内自然长出的杂草，人工选留适合当地生长的草进行养护；人工生草是指在果园内播种适宜的草种从而达到生草的目的。生草法分为全园、行间及株间 3 种方式，在北方果园多采用行间生草法。草种一般为紫花苜蓿、三叶草、黑麦草、苏丹草、毛叶苕子、早熟禾、高羊茅和二月兰等。幼树需离开树干 50 cm 左右种植，成龄树需在 100 cm 外种植，以防止与树体争夺养分。不管是自然生草还是人工生草，在草旺长季节都要刈割 3 ～ 5 次，割草时留 10 ～ 20 cm，将刈割下的草

图 18　梨园生草刈割

覆于树盘下，同时刈割后可将草丛中的田鼠、老鼠等暴露在猫头鹰和老鹰的视野下，帮助其捕捉、除害。

图 19　百年清耕老梨园

22. 梨园自然生草如何选择草种?

梨园自然生草　梨园生草（二月兰）

梨园生草（白三叶）　人工生草（高羊茅）

人工生草（紫花苜蓿）　人工生草（早熟禾）

图 20　梨园生草

自然生草应选留具有无木质化茎或仅能形成半木质化茎，须根多，茎叶匍匐，矮生，覆盖面大，耗水量小，适应性广，与梨树无共同病虫害且有利于果树害虫天敌及微生物活动的杂草。梨园自然生草时应选择最易建立稳定草被的禾本科良性草种，适宜选择的乡土草种包括马唐（别名抓根草、鸡爪草、指草）、稗草（又称稗、稗子）、牛筋草（又名蟋蟀草、千千踏、千人拔、忝仔草）和狗尾草。及时铲除或拔除恶性杂草，如苘麻、藜、苋菜、菟丝子、豚草、葎草等，通过自然竞争和刈割等人为措施，对自然生草加以调控。

23. 生草梨园应当注意哪些配套栽培技术？

（1）结合果树病虫害防控施药 给地面草被喷药，防治病虫害。自然生草的草被病虫害较轻，一般不会造成毁灭性灾害；种群结构较为单一的商业草种形成的草被病虫害较重，尤其锈病、白粉病、二斑叶螨等要注意防控。大青叶蝉是生草果园重点防治的害虫之一，可在 9 月下旬全园喷布一次杀虫剂，推荐药剂为 4.5% 高效氯氰菊酯乳油 4 000 倍液或 2.5% 功夫乳油 2 000 倍液。间隔 15 ～ 20d 再补喷一次。

（2）越冬管理 一般在 11 月初，结合防寒进行枝干涂白或包扎塑料薄膜，寒冷地区幼树还需绑草把。同时要预防老鼠和野兔危害，禁止放牧。入冬前，要在树盘内的杂草上零星压土，防止火灾发生。

（3）早春覆膜 在早春萌芽前，及时把树盘内的草扒开，树盘内全部覆黑色薄膜，提升地温，促进根系活动。开花后，气温基本稳定，再将黑膜撤掉。

24. 梨园行间间作有哪些注意事项？

果树在幼龄期，为了提高土地利用率，可在行间间作花生、大豆、中草药等矮秆作物，以增加收益。但间作物必须与梨树主干保持 0.5 m 以上的距离，避免与梨树争夺养分。另外，像萝卜、白菜这些蔬菜也不宜种植，以免加重果树的虫害。总而言之，选择的间作物应该具有需水少、矮秆、根浅、适应性强、与果树无共同病虫害或无病虫害等特点。

图 21　梨园间作（花生）

图 22　梨园间作（豆类）

25. 梨园土壤改良的方式主要有哪些？各有何特点？

（1）耕作　没有进行地面覆盖及间作的果园，应经常对园地进行耕作，清除杂草，使土壤保持疏松，防止土壤水分的蒸发，耕作次数依据降水情况及杂草生长情况而定。

（2）施肥　在梨树生长季土壤水分亏缺的情况下，不宜进行耕作松土，而应通过施肥进行土壤改良。在幼树定植时，可在定植沟或穴内施入有机肥进行土壤改良。此外，秋施基肥也能很好地起到改良土壤的作用。

（3）土壤改良剂 老果园树大根密，不宜深翻，可选用免耕法，每年施用一次土壤改良剂来调节土壤结构，增强土壤的抗蚀性，提高通气性，增加地温，提高土壤的保水能力。

26. 梨树如何施基肥?

（1）施肥种类 果园施肥以秋施基肥为主，一般在9月上旬至10月底施入，早熟品种在采果后施入，中晚熟品种于采果前进行。近年来应用效果较好的肥料有：①充分腐熟的优质农家肥；②龙飞大三元生物有机肥、龙飞大三元有机无机复合肥、龙飞大三元大量元素水溶肥、龙飞大三元氨基酸型大量元素水溶肥；③中霖高科施德根、中霖高科德财、中霖高科黄腐酸钾型大量元素水溶肥、中霖高科增糖着色肥、中霖高科大量元素水溶肥、中霖高科微生物菌剂、中霖高科大杰含氨基酸水溶肥料、中霖高科黄腐酸钾型大量元素水溶肥、中霖高科大优、中霖高科糖醇钙、中霖高科流体硼；④众德生物有机肥、众德生物有机无机复合肥；⑤上述4类肥料中的任一种肥料加入森基牌矿物元素增效剂效果出众。

（2）施肥时期 露地栽培一般基肥的施肥时间多集中在8～10月，对于特别早熟的品种应适当早施基肥，对于晚熟的品种应相对晚施几天。设施栽培一般在果实采收更新修剪完成后施入基肥。

（3）施肥量 基肥的有机肥施用量要求斤果斤肥，如结果初期树施肥量为优质农家肥3 000～5 000kg/亩，混施复合肥20～30kg/亩；盛果期树施肥量为每亩施优质农家肥6 000～8 000kg/亩，混施复合肥40～50kg/亩，无论选择何种肥料，加入森基牌矿物元素增效剂25～30kg/亩，效果出众。

（4）施肥位置 桃根系一般分布深度在1m以内，但因砧木种类、土壤条件等的不同而有差异，分布广度大体上与树冠一致。施肥位置以树冠投影的外边缘为准，随树冠的扩大向外延伸，深度以30～50cm为宜，略深于根系的集中分布区。

（5）施肥方法 以沟施为主，幼龄果园采用环状沟施法，沟宽40～60 cm，深60～70 cm；成龄果园可采用放射状或条状沟施法，沟宽深均为40 cm左右，以后需隔年交替轮换施肥部位。

27. 梨树如何进行根际追肥?

追肥一般分 3 次进行，一是萌芽前，二是花芽分化前期，三是果实膨大期。萌芽前以氮、磷为主；花芽分化前期以磷、钾为主；果实膨大期以钾肥为主。

图 23　梨园早春追肥

28. 梨树如何进行叶面追肥?

开花前喷 0.2% ～ 0.3% 硼砂或中霖高科流体硼 800 倍液 2 ～ 3 遍；果实套袋前喷 0.2% ～ 0.4% 硝酸钙或中霖高科糖醇钙 800 倍液 2 ～ 3 遍；成熟期喷 0.2% ～ 0.5% 磷酸二氢钾 2 ～ 3 遍。有缺素症的果园，可用中霖高科氨基酸九元素。

29. 梨树还有哪些补充树体营养的措施?

梨树除了通过施用基肥、土壤追肥和叶面喷肥补充养分外，还可以通过枝干涂抹氨基酸复合微肥、树干注射和使用施肥枪等方式来进行施肥。

枝干涂抹氨基酸复合微肥对提高产量、改善果实品质、提早上市有一定效果。可于主干离地面 10 cm 以上涂干，长度 50cm 左右。涂肥时间可选择浇萌芽水前的 2 ～ 3 d，在刮完老树皮的基础上涂肥，肥效一般 15 d 左右。果树谢花时涂第 2 次，果实采收后至落叶前也可酌情涂肥 2 ～ 3 次。使用浓度应依据产品的氨基酸含量加水至含氨基酸 5% 左右为宜。对于营养元素缺乏或根系受损严重的树，可使用强力树干注射剂向树干注射施肥，或用输液法进行树干输液以迅速补充营养。在山区或干旱地区可采用施肥枪进行土壤高压注射。

30. 为何要生产富硒梨果？如何生产？

硒是一种化学元素，也是人体必需的微量元素，其参与人体内多种含硒酶和含硒蛋白的合成。富硒梨果就是在人工辅助作用下，梨果通过对无机硒元素的吸收，将其转化为梨果自身的有机硒元素。经过检测，只要梨果的硒元素含量超过 0.1 mg/kg 即为富硒梨果。由于梨果富含硒元素，因此食用富硒梨果可以起到提高人体免疫力、抗氧化、抗衰老、抗癌等功效。

目前，生产富硒梨果采用的主要方式是叶面喷施富硒营养液，市场上出售的硒叶面肥有很多，主要有瓜果型锌硒葆、硒素宝、氨基酸硒肥、富硒专用肥等。喷施时要注意均匀地喷施在梨树叶面及果实表面，一般喷施时期可选在梨树现蕾期、开花期及幼果膨大期这 3 个时期，每时期各喷 1 次。另外，一定要掌握好富硒营养液的浓度。生产富硒梨果，可以提高梨果的售价，是农民增收的一个好途径。

31. 梨树灌水时间和灌水量如何确定？

给果树灌水应在果树生长未受到缺水影响以前就进行，如果出现果实皱缩、叶片卷曲等现象时才灌溉，对果树的生长和结果将造成不可弥补的损失。确定果树灌水时间，主要根据果树在生长期内各个物候期的需水要求及当时的土壤含水量而定。一般应抓好 4 个时期的灌水：一是花前水，又称催芽水，一般可在萌芽前后灌水，提前灌水效果更好；二是花后水，又称催梢水。一般可在落花后 15 d 左右至生理落果前灌水；三是花芽分化水，又称成花保果水，一般在果实迅速膨大及花芽大量分化时期进行；四是封冻水，一般在冬季土壤冻结前进行。

果园的灌水量依品种的不同、树龄大小及当年的气候条件而有所不同。一般成龄果树最适宜的灌水量以水分完全湿润果树根系范围内的土层为宜。在采用节水灌溉方法的条件下，灌溉深度为 0.4 ～ 0.5 m，水源充足、旱情严重时可达 0.8 ～ 1 m。

32. 梨园灌水方法有哪些？各有何特点？

果园的灌水方法主要有沟灌、穴灌、盘灌、渗灌、喷灌、滴灌等。其中沟灌是我国果园普遍采用的一种较好的灌水方法，需在行间开挖深 20 ～ 25 cm 的灌水沟。沟灌可防止土壤结构的破坏，水分损失较小，是一种较为合理的灌水方式。在水源缺乏的地区，以穴灌和盘灌为主，穴灌需在树的四周挖 10 个左右的穴，穴的宽与深均为 40 cm，灌后将土还原；盘灌以树干为圆心，在树冠投影内围成一个圆盘，外高内低。经济条件好的果园可采用渗灌、喷灌、滴灌这些先进的节水灌溉技术，可以依据树体的水分吸收量进行少量多次灌溉。其优点是节水效果显著，灌水均匀，占地面积小，同时也减少了农民用于灌水的费用和劳动量。

图 24　梨园大水漫灌

图 25　梨园行内覆膜，行间交替灌溉

33. 为什么要进行梨园排水？如何排水？

生长季节梨园不能长时间积水，若梨树长时间处于土壤水分含量过高的环境下，其根系的呼吸会受到抑制。土壤长时间缺氧时会导致根中毒死亡，进而影响梨树地上部分的生长。因此地下水位高的梨园在雨季来临前要在园内外挖好排水沟，深约50 cm，每3～4行需挖一条排水沟，下大雨时要做到随降随排，不留积水。受涝害的梨园，要及时排水，雨后可通过中耕松土方式来改良土壤结构，降低土壤湿度，提高土壤透气性，尽快恢复果园良好的生长环境。

34. 我国灌溉技术现状如何？存在的问题有哪些？

地面灌溉技术是一种既古老又常见的田间灌水方式，它是利用地面沟畦或格田作为输（受）水界面，使进入田间的水在重力作用下渗入作物根区土壤，达到灌溉供水的目的。这种传统的灌水方法具有设施简单、能源消耗低、投资相对较少、技术易于实施等优点，但却存在着田间水量渗漏损失大、灌溉效率低、灌水均匀度差以及表层土壤易板结等缺陷。

虽然我国在地面节水灌溉方面取得了一定成就，但仍存在一些问题，包括地面灌水技术的节水机制、各种节水地面灌溉技术的适应条件、灌溉均匀度对作物的影响以及各种改进地面灌溉技术的优化组合方式等。

精确灌水是比较复杂的，因为它包括许多因素（生理的、物候的、农业经济学的、农业气象学的）。关键是每种因素都是不确定的。总之，梨树的水分系统是极其复杂而动态的，受土壤、大气条件、季节因素、土壤结构以及土壤微生物等各种因素的相互作用和影响。尽管对上述单一因素的研究已是难能可贵，但要用一个简单的结论去阐述这些关系是不可行的。因此，种植者要根据每个果园的具体情况来决定灌溉时间和对其进行调整，切不可生搬硬套。

35. 梨园如何进行水肥一体化管理？

梨园水肥一体化是将灌溉与施肥融为一体，借助压力灌溉系统，将可溶性固体肥料或液体肥料兑成的肥液与灌溉水一起，精准地施入梨树根区的一种技术。可根据梨树的需肥特点、土壤环境和养分含量状况，梨树不同物候期需水、需肥规律进行需求设计，使水和肥料在土壤中以优化的组合状态供应给梨树吸收利用。梨园水肥一体化技术可节省水分和肥料50%以上，比传统施肥方法节省施肥劳力90%以上。

梨园水肥一体化首先要建立一套灌溉系统。水肥一体化的灌溉系统可采用喷灌、微喷灌、滴灌、渗灌等。压差式施肥罐法、文丘里器施肥法和泵注式施肥法是梨园常用的注肥方法，肥料可选用溶解度高、溶解速度较快、养分浓度高、含杂质少、对控制中心和灌溉系统腐蚀性小、不会引起灌溉水pH值的剧烈变化的液态或固态肥料。灌溉制度主要依据物候期的降水量、梨树的需水规律、根系分布特征、果园土壤墒情、土壤性状、灌溉上限与下限、湿润比、设施条件和技术措施来确定。施肥制度包括肥料种类，施肥时间、次数、数量和配方比例，主要依据梨树的需肥规律、果园土壤条件、树势、目标产量等因素确定。

36. 人工疏花疏果的方式有哪些？各有何特点？

（1）以花定果 在花期晚霜危害较轻的地区一般以疏花为主，在花序分离到初花期之间进行。疏花时要留优去劣，每20～25 cm留一个花序，其余花序全部疏除，但疏后要保证充分授粉，以保证坐果量。

图26 疏花

（2）疏果定果 在花期晚霜危害较重的地区一般以疏果为主，在花谢后10～30 d进行。疏果时要先去掉小果、朝天果、畸形果和病虫果，保留果形正、果柄粗、果个大的果实。一般大型果品种需每隔20～25 cm留1个果，中型果每隔15～20 cm留1个果，其余全部疏除。疏果可多次进行，如前期疏花疏果后留果量较多时，应再次疏果。

图27　疏果

37. 化学疏花疏果与机械疏花疏果有何特点?

人工疏花疏果虽然能最大限度地保证果树的花、果质量，但是昂贵的劳动力也增加了果园的生产成本，减少了果园纯收入。国外最常用的化学疏花疏果试剂是萘乙酸，通常在花后7～14 d或果实直径达到10～13 mm时，用10～20 ppm的萘乙酸喷于果实上进行疏果。欧洲、北美许多地区现已开始试用机械疏花，它是利用离心力使塑料条击打树冠进行疏花，疏花的多少根据塑料条的密度、转轴速度和拖拉机的行驶速度来调整。此法的好处是省时省工，但对果园的平整度、行间距和树形要求较高，不利于机械操作的果园很难采用此法。

38. 保花保果的方式有哪些？各有何特点?

（1）昆虫授粉　一般分为果园放蜂和果园诱蜂两种，于花前3～5 d进行。果园放蜂是指在花期人为将蜂箱放于果园中间，箱距不超过500 m，每亩需放置1箱蜂。果园放蜂既省时、省力、省工、省花粉，又均匀一致，但需注意的是，放蜂前15 d及放蜂期间，严禁使用剧毒农药。果园诱蜂是在花期用水和蜂蜜（400:1）或水和白砂糖（300:1）配成的混合溶液喷花，诱使蜜蜂采蜜，达到授粉效果。

（2）人工辅助授粉 在花期遇大风影响蜜蜂授粉的情况下，需人工辅助授粉。可采用机械喷雾或人工点授法，于开花后 5 ～ 6 d 完成。

（3）减少生理落果 为了减少生理落果，可在落果前喷施植物生长调节剂。在开花 2 周后，用 15 mg/kg GA4+7 喷施幼果（果实上应均匀喷洒，否则生长不对称）保果效果十分理想；当花瓣大多数脱落时，在幼果上喷施 FAP（激动素）250 ～ 500 mg/kg 也可促进坐果。也可适时进行根外或叶面追肥，在接近生理落果时，叶面喷施 0.3% ～ 0.5% 的尿素和 0.5% 的磷酸二氢钾溶液 2 ～ 3 次，通过调节树体的营养状况来减轻生理落果。

（4）防止采前落果 用 NAA 20 ～ 40 mg/kg 于梨果采前 6 ～ 15 d 喷树冠，防止采前落果的效果显著。在采前落果发生前用激动素 250 ～ 500 mg/kg 或丰果乐（吲熟酯）50 ～ 100 mg/kg 喷洒果实（重点喷洒果树），也能有效防止或减轻采前落果。

39. 人工授粉前需做哪些准备工作？

（1）花粉的采集 选择与梨树主栽品种亲和力强、花量较大的授粉品种含苞待放或刚开放的花朵进行花粉采集。采花一般在树上露水干后进行。采下的花朵可用打花机进行花粉采集，也可手工采集。手工采集时，双手各拿一朵花，轻轻互搓，使花药与花丝分离，然后用细孔筛子将花药筛出。将收集到的花粉置于通风、干燥的环境下阴干，要求环境温度保持在 20 ～ 25℃。花药经 2 d 左右的时间即可开裂，散出花粉。

（2）花粉的贮藏 采集的花粉要放在阴凉干燥处进行贮藏。若有条件的话，最好贮藏在冰箱里，可将花粉置于盛有干燥剂的容器中再放入 -20℃左右的冰箱中贮藏。

40. 人工辅助授粉的主要方式有哪些？

（1）人工点授 一般用毛笔、羽毛等自制的授粉器放入花粉瓶内蘸上少量花粉，在梨花的柱头上轻轻一点即可。花粉少时可按 1:4 的比例添加滑石粉、淀粉等填充剂混合后备用。这种授粉方式的授粉速度较慢，但花粉用量少，授粉效果好，坐果率较高。

图28　人工点授

（2）机械授粉　采用电动采粉授粉器授粉。先开启开关将授粉器靠近梨树已开放的花朵采集花粉，放入采集袋中，然后将采集的花粉取出，添加填充剂后放入贮粉瓶中。然后开启开关，将贮粉瓶中的花粉通过送粉装置及授粉管均匀地喷出授粉。

（3）机械喷雾　机械喷雾前需先配制花粉水溶液。花粉水溶液的配制：水 10 kg，白糖 0.5 kg，尿素 30 g，硼砂 10 g，花粉 10 ～ 20 g。机械喷雾授粉应避免在大风天气进行，喷布时需不断摇动搅匀，只需将花粉水溶液喷布在梨花柱头上即可完成授粉。

图29　人工辅助授粉

41. 壁蜂授粉的梨园如何管理?

释放壁蜂授粉的梨园，必须在放蜂前 10 ～ 15 d 打一次杀菌剂和杀虫剂，此后及放蜂期间禁止用任何药剂；配药的缸（池）用塑料布等覆盖物盖好。巢箱支架涂抹沥青等以防蚂蚁、粉虱、粉螨进入巢箱内钻入巢管，占据巢房，危害幼蜂和卵；巢箱前方无物体遮挡，严禁在巢箱下地面上撒毒饵；每亩地均匀建造 2 ～ 3 个蜂巢，可用砖、水泥砌成永久性的巢箱，也可用木、纸箱子替代。每箱放 6 ～ 8 捆巢管，管口朝外，两层之间放一硬纸板隔开。为避免淋雨，用塑料布盖顶。梨园内种植一些早于梨树开花的植物或采集一些它们的花粉，或在蜂巢前铺上报纸放置一些玉米面；梨树开花前 2 ～ 3 d 将蜂茧从冰箱内取出放入梨园，壁蜂放置于梨园宽敞的地方，前方 3 m 无树木和房屋遮挡，蜂箱口朝阳，蜂箱应高出地面 40 cm 左右，防止青蛙、蛇、蚂蚁等侵犯。在蜂箱口前 1 m 处挖一小土坑，铺上塑料纸再加土，向坑内加水，做成泥浆；或用盆把泥浆准备好，为壁蜂建巢室提供湿泥，以确保授粉和繁蜂。蜂箱一旦放置不宜移动，防止壁蜂不进入蜂箱，直至授粉结束进行收存，越冬时才能搬动。花后喷第一遍药前应将巢管收回，放在通风阴凉的地方吊起来保存。

42. 梨园壁蜂授粉怎么准备蜂箱和蜂卵管?

（1）放蜂箱的制作　放蜂箱的长、宽、高各 50 cm，上下左右及后面封闭，留前方为放蜂口。

（2）备好蜂卵管　可用芦苇或纸做成，管的内径 0.5 ～ 0.8 cm，管长 20 ～ 25 cm，一端封闭，一端开口，管口处要平滑，并用绿、红、黄、白 4 种颜色涂抹（颜色多，壁蜂易择定居），然后按比例（一般 5:2:2:1）混合，每 60 ～ 80 支扎一捆，按放蜂量的 2 ～ 3 倍备足巢管，每亩准备巢管 300 ～ 400 支。

图 30　壁蜂授粉

（3）备好放茧盒　一般长 20 cm、宽 10 cm、高 3 cm，也可用药用的小包装盒。放茧盒放在巢箱内的巢管上，露出 2 ～ 3 cm，盒内放蜂茧 40 ～ 50 头，盒外口扎 2 ～ 3 个黄豆粒大小的孔，以便于出蜂。严禁扒茧取蜂。

43. 梨园壁蜂授粉的时间、数量和方法是怎样的？

壁蜂一般于梨园初花期前 4 d 开始放蜂。蜂茧放入田间后，壁蜂即能陆续咬破茧壳出巢，7 ～ 10 d 出齐。如果提前将蜂茧由低温贮存条件下取出，在室温下存放 2 ～ 3 d 再放到田间，可缩短壁蜂出茧时间。若壁蜂已经破茧，要在傍晚释放，以减少壁蜂的逸失。放蜂期 10 ～ 15 d。

将蜂茧放在一个宽扁的小纸盒内，盒四周戳多个直径 0.7 cm 的孔洞，供蜂爬出。盒内平摊一层蜂茧，然后将纸盒放在蜂巢内。也可将蜂茧放在 5 ～ 6 cm 长、两头开口的专用巢管内，每管放 1 个蜂茧，与蜂管一起放在蜂巢内；放蜂量必须根据梨园面积和历年结果状况而定，盛果期梨园每亩放蜂量 150 ～ 200 头，初果期的幼龄果园及结果小年，放 60 ～ 150 头蜂茧。

44. 梨园壁蜂授粉的蜂管如何回收和保存？

放蜂结束后，要及时将巢箱收回。把封口的巢管按每 50 支一捆，装入网袋，挂在通风、干燥、避光、干净的房屋中贮藏，注意防鼠。蜂管的多少可按下年的留蜂量而定，一只蜂产 9 ～ 15 个卵，一般一管 10 个卵左右。产卵的数量受温度的影响明显，温度低产卵少，温度高则产卵多，但温度不可过高，切不可高于孵化适温。

翌年立春后温度逐渐上升，此时就要把管巢中的蜂茧扒出，选好后装瓶放入冰箱的保鲜室内，温度 1 ～ 5℃为宜，温度过高，壁蜂就会从茧中钻出，无法使用；温度过低则会把壁蜂冻死。

45. 果实套袋有什么作用？袋种如何选择？

果实套袋可预防病虫害的发生、减少农药的残留、提高果实的着色度，使果面光洁，提高外观品质，商品效益好。但套袋后果实的含糖量及风味会有所下降。

果袋分为膜袋和纸袋两种，其中纸袋有单层袋和双层袋两种。生产高档果应选用质量优良的双层纸袋，经济困难或生产低档果可选用单层纸袋或膜袋。

高质量的纸袋要求外层纸要有力度、通气性好、薄、耐雨水冲刷、抗老化。

图31　梨套袋（纸袋）

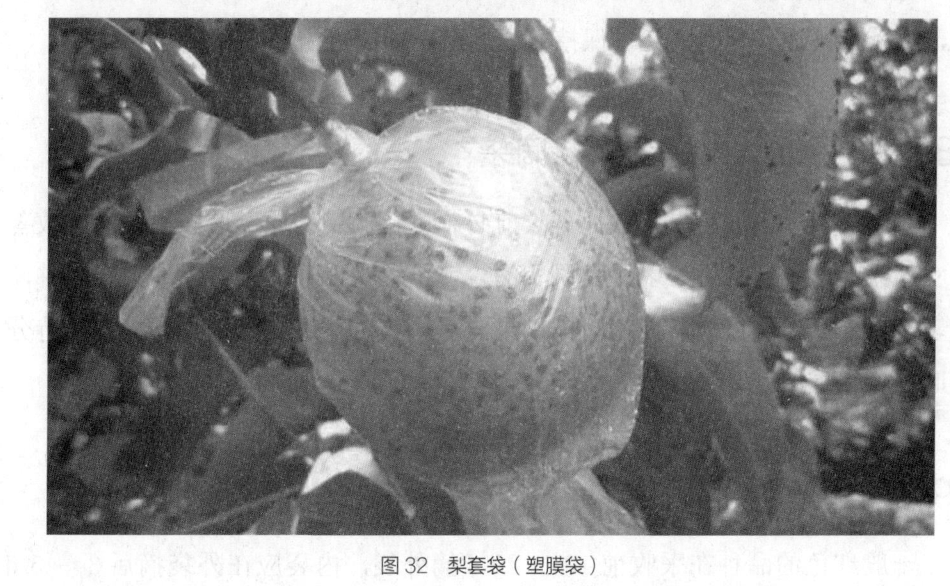

图32　梨套袋（塑膜袋）

46. 套袋时间如何确定？怎么套袋？

梨最适套袋时间在花后 45 d 开始，套袋应选在晴天或雨后露水干了之后进行，在中午温度较高的情况下，不宜进行套袋。

套袋前先用 0.2% 的多菌灵浸润袋口，然后在潮湿处放置半天，让其返潮、软化。套袋时，先把袋口用手撑开，向内吹气，使果袋膨胀，手执袋口下 2 ～ 3 cm 处，推果入袋，套上果实后将果柄置于袋的开口基部，再将袋口两侧向缺口处折叠，然后将袋口的铁丝折成“V”形夹住袋口，让幼果处在袋内中央位置，以防与果袋发生摩擦。

47. 套袋后的管理有哪些注意事项？

（1）病虫害防治 套袋后要定期检查袋内果实的生长、病虫害状况及叶片病虫害的发生，如梨木虱、梨小食心虫、梨黄粉蚜、黑斑病、锈病、白粉病等，应及时打药防治。

（2）肥水管理 在高温干旱季节，果袋内温度过高，容易发生果实灼伤，应及时灌水，防止果皮裂口。在花芽分化前期和果实膨大期需追施磷、钾肥，果实膨大期以钾肥为主，可施磷酸二氢钾或硫酸钾复合肥。

（3）适时修剪 适时剪除树冠下部的过密枝、延长枝及大枝背上的旺长枝，以减少树体养分的消耗，保持冠内通风，使树冠内光照充足。

48. 套袋后的梨果是否需要摘袋？

对于需要着色的梨果品种，采收前必须进行摘袋处理，这样不仅能够改善果实的光泽度，而且还可以提高果实的含糖量。对于不需要着色的梨果品种，为了防止果面出现日灼，采摘时擦伤果皮，采收时可连同纸袋一并摘下，待分级时再除去纸袋。

49. 摘袋时间如何确定？怎么摘袋？

一般红色的品种在采收前 10 ～ 20 d 摘外袋，内袋应在外袋摘后 3 ～ 5 d 摘除。摘时最好选择阴天或多云的天气进行，若晴天摘袋应避开中午高温、高光强的时间段，防止果实发生日灼。

50. 摘袋后的管理有哪些注意事项？

（1）摘叶及转果 除袋以后要及时摘除果实周围 5 ～ 10 cm 范围内的遮

光叶片，同时疏除遮挡果面的直立新梢和长枝。当果实的阳面已着色后将其阴面转向阳面，然后贴靠在枝上。转果后无法固定的果实，可用透明胶带将其固定。

（2）铺反光膜 铺膜在摘袋后进行，反光膜多采用银色反光膜。铺前应彻底清除碎石块、干枝和树叶等，将地面整平，沿果树行间两侧平铺树冠下，两边用土或石块压实。果实采收前 1 ～ 2 d 收起反光膜，洗净晾干待翌年继续使用。

（3）延迟采收与分期采收 适当晚采可促进果实着色，提高果实的含糖量。另外，根据果实生长期、成熟度的不一致，可分批分量采收，尽可能地提高果实品质。

（4）销毁纸袋 摘除后的纸袋，为了消除纸袋内的病虫源，纸袋要及时进行销毁或深埋，切不可回收利用。

51. 梨果为什么要脱萼?

梨果有相当部分品种的果实有“公梨”和“母梨”之分。“公梨”和“母梨”是俗称，不是科学术语，可是越来越多的果农和客商使用此名称，一些科研学者也使用此名称。梨树开花后花萼有的一直宿存在果实上，称宿萼，即“公梨”；花萼在花后一段时间就脱落，称脱萼，即“母梨”。生产和消费者普遍认为萼片脱落的梨果，个大、心小、肉细、味甜、形美、品质优；而萼片不脱落的梨果，则个小、心大、肉粗、味淡、品质差。此外萼片不脱落的梨果，还易引起萼洼果锈、黄顶病及黄粉虫等病虫危害，影响果实的外观和内在品质。

52. 影响梨果萼片脱落的因素有哪些?

“公梨”和“母梨”的产生除品种特性外还与多种因素有关，如花萼的脱落和宿存、授粉品种、授粉花粉量、光照强弱、树龄、树势、修剪、负载、花序序位等。“公梨”和“母梨”在果形、病虫害发生、矿物质元素含量、植物激素含量、组织结构、品质等多方面存在差异。因此，梨果实萼片脱落与宿存是一个极其复杂的过程，是由遗传特性、环境因子和栽培措施等因素共同作用的结果。在实际生产中，可以通过选择适宜的授粉品种、适地建园、科学修剪、重施基肥和喷施植物生长调节剂等进行脱萼。

53. 梨果怎样进行脱萼？

在我国梨主产区，通常在花期喷施 300 ～ 600 倍液保花保果剂（PBO）或 5 000 ～ 6 000 倍氟硅唑来提高脱萼率，PBO 和氟硅唑虽能提高梨的脱萼率，但对果实部分品质性状产生了不同程度的影响。高浓度的 PBO 提高了梨果实可溶性固形物与可溶性糖含量，不同程度地降低了梨果实有机酸的含量，使果实石细胞明显增多、硬度增加、果点增大。初花期、谢花期喷布 300 ～ 350 倍液 PBO，对花萼脱落有明显的促进作用，脱萼率可达 100%，而在谢花后喷布 PBO 效果较差。初花前 2 ～ 5 d，使用 40% 氟硅唑 8 000 倍液全树喷施，可显著提高梨果脱萼率。

54. 佛形梨和套瓶梨是怎样生产出来的？

现今，梨果是否被大众认可不仅仅取决于其自身的品质和口味，栽培方法、包装设计、保健功效以及增值服务都已成为人们选购果品的考量标准。做好、做足其中的某个环节，都会为产品的终极销售提供助力。

（1）佛形梨 每个梨都生长在一个精心制作的独立模具中。此类模具的成本高达 50 元，在我国南北方，均已有农户采用该方式培育果品。套用模具生产的梨造型讨喜，单果售价在几十元到上百元不等。佛形梨不仅在国内步入高档节日礼品的行列，外销前景也越来越看好。

（2）套瓶梨 套瓶的最终目的是生产特色果品，提高商品档次和市场竞争力。梨套瓶后既避免了农药和人为污染，又不影响梨的光合作用，且瓶内外温差大，套瓶后的梨可溶性固形物含量高，不褪色，不脱水，酥脆多汁，口感好，存放时间长。套瓶的时间是在落花后 15 ～ 30 d，进行套瓶的果实必须进行疏果，果与果的距离要在 30 cm 左右，防止互相碰撞造成瓶体损坏。将果放入套瓶内，再用塑料袋把套瓶固定在挂果的枝条上。套瓶果要以果为单位精细管理，随时观察，一旦果实长满瓶后，即可采摘，以防裂瓶。采摘后，瓶口用小塑料袋塞严，瓶底的通风孔用蜡密封，可延长保鲜时间。

六、果园病虫害防控

1. 梨树常见的病害有哪些？

主要有梨腐烂病、梨干腐病、梨轮纹病、梨黑星病、梨黑斑病、梨褐斑病、梨锈病、梨炭疽病、梨疫腐病和梨白粉病等。

2. 梨腐烂病的症状是什么？

梨腐烂病，俗称臭皮病，是一种主要的梨树枝干病害（见彩图 17）。危害主干、主枝和侧枝，多发病于枝杈处和枝干的向阳面。发病初期病斑呈红褐色，水浸状，稍隆起，椭圆形或不规则形状，病组织腐烂，挤压时发病部位会下陷，流出褐色液体，有酒糟气味。发病后期，病斑干缩下陷，并在发病树皮和健康树皮连接处开裂，病皮表面出现小黑点（分生孢子器），如果湿度合适，会出现黄色丝状的孢子角。病情加重后，病皮翘起，造成枝条、树干甚至树体死亡。

3. 梨腐烂病的发病规律是怎样的？

梨腐烂病属真菌病害，以菌丝、分生孢子器、子囊壳在病部树皮内越冬。在早春树体萌动时开始发生，春季病斑腐烂扩展最快，5 ～ 6 月逐渐停止扩展，此时产生分生孢子，并涌出大量的孢子角，借助风雨传播，9 月又开始扩展，冬季在病皮内越冬。梨树腐烂病病菌孢子从伤口侵入、潜伏，树体衰弱即开始扩展，树势强壮发病则少。幼树即有发生，但是幼树生长发育旺盛，有很强的自愈能力，因此发病少。另外，梨树遭受冻害之后，受害部位会被病菌侵入，变成腐烂病斑。

4. 针对梨腐烂病应该如何选择栽植品种？

针对栽植园地的立地条件，选择抗病品种，该病主要侵染西洋梨，另外苹果梨、砀山酥梨等也较易感腐烂病，而白梨、鸭梨等较为抗腐烂病。

5. 对梨腐烂病如何防治？

（1）提高管理水平 增施有机肥，科学灌水，防止徒长，合理修剪，保护剪口，疏花疏果，适量负载，强健树势，提高抗病性。

（2）经常检查 及时发现、刮除病疤，另外要剪除因不合理修剪产生的干桩枯橛及病枝梢等，之后做好清园工作，将刮掉的病皮和剪除的枝梢进行销毁处理。

（3）涂抹 刮除病疤之后，在刮完部位涂抹腐必清 2 ～ 3 倍液，或 5% 菌毒清水剂 30 ～ 50 倍液。

（4）涂白 对树干进行涂白处理，防止因寒冻和日灼造成树体伤害，降低腐烂病的发生率。

（5）春季发芽前全树喷布石硫合剂或清园剂

6. 梨干腐病的症状是什么？

梨干腐病同腐烂病一样，是梨树上重要的枝干病害之一，多发生在主干和分枝上，也会危害苗木、幼树以及果实（见彩图 18）。枝干染病初期，皮层出现黑褐色带状病斑，微湿润，质地较硬。后期病斑部位变干凹陷，病皮与好皮交界处龟裂，病斑上产生黑色小点，即分生孢子器。主干染病，病斑环绕一周后，会导致其上的树体死亡。苗木和幼树染病，症状与枝干相同，之后叶片萎蔫，直至枝条枯死。果实染病，果面产生轮纹斑，症状与梨轮纹病相似，随后果实腐烂。

7. 梨干腐病与腐烂病有什么区别？

一是梨干腐病发病初期的病斑颜色比腐烂病深，病斑多为带状，病斑上有裂纹，并且很少侵染至木质部。病斑上的黑点相对于腐烂病小而密，不形成孢子角。

二是梨干腐病果实的受害状与轮纹病相似，果面产生同心轮纹。

8. 梨干腐病的发病规律是怎样的?

梨干腐病原菌以分生孢子器、子囊壳或菌丝体在病枝干或是病果上越冬。第 2 年病孢子器成熟后，遇雨水或空气潮湿时随风雨传播孢子，经伤口、皮孔、死芽侵入树体；整个生长季均可发病，以春秋干旱季节发病较多，雨季病情减少；危害幼树多在定植后的春季发病，在嫁接口附近或树干上形成不规整或椭圆形病斑。梨干腐病的发生与树体的生长情况有关，管理粗放、肥水不足、长势衰弱并有冻害等的梨树容易发病，如果遭遇干旱缺水、梨园郁闭等情况则加重发病。

9. 如何对梨干腐病进行防治?

梨干腐病的防治与梨腐烂病基本一致，合理修剪的同时要注意夏季修剪，提高梨园树体的通风透光性。

10. 梨轮纹病的症状是什么?

梨轮纹病，又称粗皮病，是我国各梨产区的主要病害之一，主要危害枝干及果实（见彩图 19、20）。枝干受害后产生以皮孔为中心的圆形或椭圆形褐色病斑，中间瘤状突起，之后凹陷并于与健康部交界处产生裂痕，逐步翘起扩展，形成轮纹状，以致树皮粗糙。果实受害后，也以皮孔为中心形成褐色水浸状病斑，并扩展成同心轮纹状，果实腐烂。

11. 梨轮纹病的发病规律是怎样的?

梨轮纹病以菌丝体和分生孢子器越冬；春季气温达到 15℃以上并且湿度适宜则开始产生分生孢子；夏季分生孢子大量散发，借风雨传播，由皮孔或是虫伤口侵入枝干及果实。病菌在整个树体生长季和果实的发育期均可侵染，夏季多雨时期为发病高峰。而干旱少雨年份则很少发病。此外管理粗放、肥水不足、树势较弱的梨园，容易引发轮纹病。

12. 如何防治梨轮纹病？

（1）提高管理水平 轮纹病菌是弱寄生菌，健壮的树体不易感病。因此，提高栽培管理水平，科学进行肥水管理，增施有机肥，适量负载，合理修剪以增强树势，能提高树体抗病能力。

（2）及时清园 休眠期修剪时，刮除病斑、病皮，剪除病梢，随即清园而后集中销毁，以消除病菌源。刮完后，可涂抹腐必清 2 ～ 3 倍液，或 5% 菌毒清水剂 30 ～ 50 倍液。

（3）套袋 保护果实，可采用套袋栽培方式

（4）萌芽前，全园喷施 5 波美度石硫合剂或清园剂　花后 15 ～ 20 d 至 9 月初，药剂可选用 50% 多菌灵可湿性粉剂 800 ～ 1 000 倍液、70% 甲基硫菌灵可湿性粉剂 1 000 ～ 1 200 倍液、70% 代森锰锌可湿性粉剂 900 ～ 1 300 倍液、40% 氟硅唑 8 000 ～ 10 000 倍液、1:（2 ～ 3）:200 波尔多液。注意有机磷杀菌剂与波尔多液交替使用，以延缓抗药性，提高防治效果。为降低贮藏期发病，采前 15 d，喷一次内吸性杀菌剂，可用药剂有 50% 多菌灵可湿性粉剂 700 倍液、90% 乙膦铝可湿性粉剂 600 倍液。

13. 梨黑星病的症状是什么？

梨黑星病，又名疮痂病，是一种在梨各产区普遍发生的重要病害，危害期长，从花期到果实成熟期均可发生（见彩图 21、22、23）。梨黑星病可以危害包括芽鳞、花序、新梢、叶片、果柄、果实在内的所有绿色组织，重点危害叶片和果实。叶片受害部位在叶背，发病初期，生成圆形或不规则形状的淡黄色病斑，后期形成黑色霉层（故又有黑霉病之称），严重时叶片变成黑褐色并脱落。危害果实也会产生圆形淡黄色病斑，生成黑霉，后期黑斑会凹陷、木栓化，龟裂成疮痂，导致果实停长、畸形、脱落。

14. 梨黑星病的发病规律是怎样的？

梨黑星病为真菌病害，以分生孢子和菌丝在芽鳞或受危害的组织中过冬。

梨黑星病的发生及流行与温湿度有密切联系。分生孢子在8～28℃均适宜萌发，如果空气湿度适宜，有利于黑星病的发生和流行。春季温湿度条件适宜时，分生孢子侵染新梢，形成发病中心，并可随风雨传播进行再侵染，7～8月达到发病盛期，而秋季9～10月之后基本不发病。

15. 针对梨黑星病，栽植品种该如何选择?

对于梨黑星病，梨树各品系和品种差异较为明显。通常最易感病的为中国梨，包括白梨系统和秋子梨系统，其次为砂梨，较抗病的为西洋梨。梨品种中发病重的有鸭梨、秋白梨、京白梨、花盖梨、安梨等，其次为莱阳茌梨、砀山酥梨和雪花梨等；抗病性较强的有八月红、黄冠、蜜梨、香水梨、西洋梨、巴梨等。

16. 如何防治梨黑星病?

（1）科学管理，增强树势 合理施肥，增施有机肥，控施化肥；严格疏花疏果，合理负载，保持树体健壮；科学修剪，注意剪口保护。

（2）及时清园，减少病源 梨树休眠期结合冬剪剪除发病枝梢，并将枝条、落叶等及时清除，集中销毁或深埋，减少病源。在生长季，芽梢初被侵染时，需及时彻底剪除，并进行销毁，以有效控制病源。

（3）针对病情，药剂防控 梨树萌芽前喷石硫合剂或清园剂，减少菌源。春季可喷广谱性药剂，50%多菌灵可湿性粉剂800倍液或70%甲基硫菌灵可湿性粉剂1 000倍液。生长季喷药防治，选用的药剂有12.5%烯唑醇可湿性粉剂2 500～3 000倍液、40%氟硅唑8 000～10 000倍液或10%苯醚甲环唑水剂6 000～7 000倍液。

注意化学药剂不能长期单独使用，病菌会产生抗药性，应各种药剂轮换使用。

17. 梨黑斑病的症状是什么?

梨黑斑病是一种常见病害，主要危害叶片、新梢和果实（见彩图24、25）。叶片受害时先产生圆形黑褐色斑点，后逐渐扩大，形成近圆形或不规则形病斑，中心灰白至灰褐色，边缘黑褐色，有时有轮纹，潮湿的时候会产生黑霉。新梢受害时生成椭圆形、淡褐色、凹陷病斑，在与健康树皮交界处产生裂痕。幼果受害时先产生黑色小斑点，后扩大成近圆形或椭圆形、凹陷的病斑，上面长满黑霉，伴随果实的发育，果面龟裂，可深达果心，龟裂处长黑霉。

18. 梨黑斑病的发病规律是怎样的?

梨黑斑病是一种真菌病害。病菌以菌丝体和分生孢子等形态在病叶、病果、病枝及地面的病残体上越冬。翌年春天生成分生孢子，借风雨传播，经气孔、皮孔或直接侵入寄主组织引起初侵染。之后可引起再侵染。整个梨树的生长季都能发病。嫩叶梢最容易被侵染危害。7～8月多雨潮湿更易于梨黑斑病的发病。此外，地势低洼、管理粗放、肥水不当、树势衰弱也容易造成梨黑斑病的发生。

19. 如何防治梨黑斑病?

(1)提高管理水平 增施有机肥，控施氮肥，科学修剪，通风透光，合理留果，增强树势，提高树体自身的抗病力。

(2)及时清园 将病叶、病果和病梢等病菌寄生源清除，并销毁，消灭菌源。

(3)降低菌源基数 萌芽前喷一次5波美度石硫合剂或清园剂，降低菌源基数。花前、花后各喷一次杀菌剂，一直至7月每隔15 d施一次药。选用药剂有50%异菌脲可湿性粉剂1 000～1 500倍液、10%多氧霉素可湿性粉剂1 000～1 500倍液、70%代森锰锌可湿性粉剂600～800倍液等。

20. 梨褐斑病的症状是什么?

梨褐斑病，又称梨斑枯病。该病仅危害叶片，发病初期叶面产生圆形或近圆形的褐色病斑，之后数目不断增加，病斑会扩大成不规则形状，颜色褪至灰白色，其上产生小黑点，并且多个病斑会融合形成不规则的大病斑，病重会造成梨树的落叶。

21. 梨褐斑病的发病规律是怎样的?

梨褐斑病菌以分生孢子器和子囊壳在落叶上越冬，翌年春季产生分生孢子和子囊孢子，借风雨传播到梨树幼叶上进行初侵染。在生长季中，病斑会再生成分生孢子器及分生孢子，随风雨传播进行再侵染，加重病情。多雨潮湿季节中，管理粗放、供肥不足、树势衰弱的梨园发病重。

22. 梨褐斑病的防治措施有哪些?

第一，科学管理果园，合理修剪，通风透光，增施有机肥和磷钾肥，控施氮肥，适量负载，以增强树势，提高树体的抗病力，减少发病。

第二，及时清除落叶，并做销毁或深埋处理，消除病源。

第三，花后及雨季来临之前，喷施1:2:200的波尔多液2～3次即可达到预防效果，初发期还可用70%甲基硫菌灵可湿性粉剂800～1 000倍液、50%多菌灵可湿性粉剂700～800倍液喷雾。

23. 梨锈病的症状是什么?

梨锈病，又称赤星病、羊胡子病。主要危害幼叶、新梢、幼果等幼嫩组织（见彩图26、27、28、29）。叶片初受害时，在叶面产生橙黄色圆斑，逐渐扩大，病斑中间长出橙黄色小颗粒，天气潮湿时可分泌出黄色黏液，之后小颗粒变成黑色，发病部位增厚，背面隆起，长出淡黄色毛状物，毛状物破裂后散发黄褐色的锈孢子。后期病斑变黑，可引发早期落叶。幼嫩新梢受害后，病部变黄，并隆起呈纺锤形，后期凹陷、龟裂、折断。幼果受害部位多为萼洼处，产生圆形橙黄色病斑。

24. 梨锈病的发病规律是怎样的?

梨锈病以多年生菌丝体在桧柏的病部组织中越冬。春季形成冬孢子角，遇雨后吸水膨胀，散发孢子，随风雨传播，经气孔或是直接经表皮侵染梨树的幼叶、新梢和幼果，6～10 d后产生橙黄色病斑，病斑上产生性孢子器，生出性孢子。叶背面形成锈孢子器，产生锈孢子。锈孢子不侵染梨，而是借风力传播，侵染桧柏的幼叶或新梢，越夏和越冬。春季温暖多雨易引发锈病，干旱则少发病。

25. 如何防治梨锈病？

第一，新建梨园5 km范围内不能种植桧柏，清除转主寄主。建立保护林带，隔离孢子的传播。切断病害的侵染循环，是防治梨锈病的根本措施。

第二，萌芽前，梨园喷2～3波美度石硫合剂。向桧柏上喷15%三唑酮可湿性粉剂1 500倍液，或3波美度石硫合剂，可抑制孢子萌发。梨展叶期至幼果期，喷15%三唑酮可湿性粉剂1 500倍液，每隔10 d一次，连续喷2～3次，以后随寄主叶龄、果龄的增加，抗病性提高，病菌就难以侵染了。

26. 梨炭疽病的症状是什么？

梨炭疽病主要危害果实，多发生在果实发育的中后期。发病初期，果实表面出现淡褐色圆形小病斑。之后，病斑扩大并软腐凹陷，颜色呈深浅交替状的同心轮纹，表皮下密生黑色突起小颗粒，空气湿度大时会有红色黏液溢出。随着病情加重，病斑下，果肉成圆锥形腐烂，变褐变苦，直至果心，引起落果，或是果实挂在枝条上失水变成僵果。

27. 梨炭疽病的发病规律是怎样的？

梨炭疽病以菌丝体在僵果、干枯枝及病枝上越冬。翌年春季温湿度适宜时，生成大量的分生孢子，借雨水或昆虫传播，经皮孔侵入、潜育，到果实生长发育的中后期开始发病。梨炭疽病受湿度影响大，春季升温雨水多，则侵染快，一般5～10 h即能完成侵染；夏季高温降雨大，则发病重，并同时产生分生孢子再侵染。地势低洼、土壤黏重、排水不畅、施肥不当、树冠郁闭、负载过量、树势衰弱的梨园发病严重。另外，梨炭疽病潜伏期长，侵染后，在贮藏期间如果条件适宜，仍然会发病，腐烂果实。

28. 如何防治梨炭疽病？

一是合理建园，避免地势低洼、土壤黏重的地块，注意排水设施的建设。

二是提高管理水平，合理施肥，科学整形修剪，适量留果，增强树势，提高抗病力。

三是及时清理僵果、病枯枝等并销毁或深埋，清除病菌源。

四是采用果实套袋技术。

五是药剂防治，萌芽前用石硫合剂全园喷施，花后开始喷药，每 15 d 一次，喷药 4 ～ 5 次。可用药剂有 70% 甲基硫菌灵可湿性粉剂 800 倍液、25% 咪鲜胺乳油 1 000 倍液、50% 多菌灵可湿性粉剂 600 倍液等喷雾。

六是低温贮藏，果实在 0 ～ 15℃条件下贮藏并注意排湿，可抑制炭疽病病菌的危害。

29. 梨疫腐病的症状是什么？

梨疫腐病，又称实腐病、胫腐病。梨疫腐病危害梨树的枝干、叶片和果实。主干受害时，树皮出现不规则形状、淡褐色至黑褐色的水渍状病斑，并发生腐烂，可危害至木质部，之后病斑干缩凹陷，在与好皮交界处产生裂缝。幼树染病，病斑会环绕腐烂，造成树体的死亡。枝条受害时，病部颜色变成暗绿色，之后加深，成为黑褐色条状病斑，之后干缩凹陷形成裂痕，造成韧皮部坏死。果实受害时，果面出现圆形或近圆形红褐色病斑，边缘呈水渍状，之后迅速扩展，同时病斑下的果肉深至果核发生变褐腐烂，并影响果柄变成黑褐色。当整个被危害后，果实变色腐烂，之后失水干缩，遇潮湿天气，果面产生白色霉层。

30. 梨疫腐病的发病规律是怎样的？

梨疫腐病以菌丝体在病组织中越冬，或随病残体落地在土壤中越冬。翌年春季温湿度适宜的时候开始侵染，借雨水传播，经皮孔或伤口侵入侵染，该病菌可在梨树的整个生长季内发生再侵染。高温高湿的夏季是梨疫腐病的盛发期。地势低洼、土壤黏重、排水不畅、施肥不当、树体郁闭、负载过量、树势衰弱的梨园发病严重。主干上如果有冻害、机械、虫害造成的伤口，容易被侵染，主枝位置偏低，其上的枝条、叶片和果实会因雨水的迸溅而易发病。

31. 如何防治梨疫腐病？

一是建园地点避免地势低洼、土壤黏重的地块，搞好果园排水。

二是育苗时选用杜梨、红霄梨等抗疫腐病的砧木。

三是提高管理水平，起垄栽培，避免积水，增施有机肥，增强树势，科学整形修剪，通风透光，及时清理梨园内的病枝残体、病果落叶等，并销毁或深埋，清除病菌源。

四是刮治病斑，重斑刮清，清斑划道，深至木质部，刮后用 843 康复剂原液或 75% 百菌清 200 倍液涂抹，注意将刮除的病组织带出果园销毁或深埋。

五是化学防治，可用药剂有 1:2:200 倍的波尔多液、65% 代森锰锌可湿性粉剂 600 倍液、90% 乙膦铝粉剂 500 倍液、甲霜灵 400 倍液等。

32. 梨白粉病的症状是什么?

梨白粉病是在各梨产区均发生的一种叶部病害，严重时可造成早期落叶（见彩图 30）。发病初期，在叶背面产生圆形的白色粉状霉层，逐渐扩展至布满整个叶背面，叶正面则形成黄色病斑，之后在叶背的霉斑上形成黄褐色的小颗粒，为白粉病菌的闭囊壳，后变为黑色。

33. 梨白粉病的发病规律是怎样的?

梨白粉病病菌以闭囊壳在病叶上越冬。翌年条件适宜时，闭囊壳破裂，散发出子囊孢子，随风雨传播，落到梨树叶片上进行初侵染。当年即能成熟的菌丝体继续生成分生孢子，再侵染。秋季为梨白粉病的发病高峰期。管理粗放、植株郁闭、排水不畅、氮肥过量的梨园易发此病。

34. 如何防治梨的白粉病?

一是提高管理水平，增强树势。排水通畅，避免积水。合理施肥，控施氮肥。科学整形修剪、避免果园郁闭。

二是及时清园，清理病叶、落叶、残体等，销毁或深埋，清除病源。

三是萌芽期喷 5 波美度的石硫合剂，秋季发病初期喷药防治，可用药剂有 25% 三唑酮 1 500 倍液、6% 氯苯嘧啶醇 1 000 倍液、5% 己唑醇悬浮剂 1 000 倍液、70% 甲基硫菌灵 1 000 倍液。

35. 梨树病毒病有什么危害？

梨幼树感染病毒后，树体生长势明显弱于正常苗，甚至会导致死亡。梨成龄树感染病毒后，树势衰弱，树体生长量迅速减少，当年及以后的产量也会随之降低，果实品质变差，甚至丧失商品价值，导致效益减少，严重时会导致毁园。

36. 梨树病毒病是通过什么途径传染的？

梨树病毒病主要通过嫁接途径感染，已感染病毒的苗木或接穗再通过不断地营养繁殖，将病毒积累并扩散传播。另外，修剪也会传染病毒。

37. 梨树病毒病如何防治？

梨树的病毒病害不同于真菌病害和细菌病害，受侵染的树体终生携带病毒，目前不能通过化学药剂治疗。而解决梨病毒病的根本途径，只能是通过培育无病毒母树，进而繁育、栽植无病毒苗木来解决。

38. 无病毒梨树有哪些优点？

无病毒梨树根系发达，苗木成活率高；树体生长势旺盛，成园快；增产，稳产；抗逆性强，可减少农药和肥料使用量，降低生产成本，保护生态环境。因此，在高发病地区或是山地可提倡栽植无病毒苗木。

39. 梨树的虫害主要有哪些？

梨树主要虫害有梨小食心虫、梨大食心虫、桃小食心虫、梨木虱、山楂叶螨、梨肿叶壁虱、梨缩叶壁虱、梨黄粉蚜、茶翅蝽、梨茎蜂、梨实蜂、梨冠网蝽、梨二叉蚜、梨星毛虫、舟形毛虫、梨潜皮蛾、天幕毛虫、黄刺蛾、金龟子、金缘吉丁虫、梨瘿蛾、梨圆蚧、大青叶蝉等。

40. 如何识别梨小食心虫的危害症状？

梨小食心虫，俗称梨小，是影响梨树生产的主要害虫之一，还危害苹果、桃、杏等果树（见彩图31）。梨小食心虫前期危害新梢，从幼嫩部位蛀入，造成新梢蔫萎、枯死、折断，蛀孔处有虫粪排出。梨食心虫小后期以幼虫危害果实，从果实的梗洼、萼洼或叶果相贴处蛀入，直至果实的心室内，蛀入孔为小黑点，比较浅，稍凹陷，被害果实不变形。幼虫在果内蛀食果肉，并有虫粪从蛀入孔排出，逐步造成孔周围腐烂变黑。幼虫老熟后脱果，脱果孔较大。

41. 梨小食心虫的发生规律是什么？

梨小食心虫在各梨产区均有发生，一般与桃树混栽的果园发生严重。梨小食心虫每年发生3代以上，因地区差异而不同。以老熟幼虫结茧在老翘皮下、根颈部土中、杂草落叶甚至果窖中等隐蔽场所越冬。越冬幼虫3月化蛹，4月羽化，开始产卵于新梢，5月第1代危害新梢，6月第2代危害果实，7月第3代继续危害果实，8月第4代，有的地区会产生更多代。一般7月后随着桃的成熟采收，梨树果实迎来受害高峰期。9月以后，开始以老熟幼虫形式脱果准备越冬。在降水多、湿度大的年份，梨小食心虫危害较重。

42. 如何有效防治梨小食心虫？

一是合理建园，应避免与桃树混栽或靠近桃园。

二是适度栽植，科学整形修剪，通风透光，降低空气湿度。

三是结合冬季修剪，刮除枝干、剪口和根颈处的老翘皮，并及时清理销毁，消灭越冬幼虫。

四是危害前期，及时检查发现并剪除清理梨小食心虫危害的新梢，降低再次危害。

五是使用性诱芯或是糖醋液诱杀成虫。

六是采用果园生草管理模式，可以保护天敌，有条件的地区可以释放天敌，如松毛虫赤眼蜂。

七是采取果实套袋技术，降低梨小食心虫危害果实的发生率。

八是第2、第3代成虫羽化期和产卵期进行喷药防治，以菊酯类农药为主，可选用药剂有20%氰戊菊酯乳油2 000倍液、5%高效氯氰菊酯乳油2 000倍液、2.5%功夫乳油2 000倍液或25%灭幼脲3号1 500倍液等，交替使用。

43. 如何识别梨大食心虫的危害症状?

梨大食心虫，又称梨大，俗称“吊死鬼”，主要危害花芽和幼果。每年秋季越冬幼虫开始危害芽，主要是花芽，从芽基部蛀入，直至髓部，被害芽被蛀空，干瘪不能萌发。第二年春季花芽膨大时，开始转芽危害，同样从基部蛀入，直至花髓部，同时吐丝缀连花芽鳞片，鳞片不脱落，并会导致开放的花序萎蔫。梨树幼果期转为危害果实，蛀入孔较大，并附着黑褐色虫粪，幼虫吐丝将果柄基部缠在枝上，被害果实变黑干枯，但不脱落。

44. 梨大食心虫有怎样的发生规律?

梨大食心虫发生代数因地区差异而不同，在东北地区每年发生 1 ～ 2 代，华北地区每年 2 代，华中地区 2 ～ 3 代。以发生 2 代为例，梨大食心虫以低龄幼虫在梨树芽内（多为花芽）做茧越冬，4 月气温上升时出蛰危害芽，一般危害 1 ～ 3 个芽，5 月开始转为危害幼果，一般危害 2 ～ 4 个果实，出蛰晚的直接危害芽和果。从危害芽转至危害果实并至高发期仅需 1 周左右。6 月老熟幼虫在最后一个危害的果内做羽化孔并化蛹，大约 10 d 后羽化，7 月盛发并交尾产卵，约 1 周后孵化出幼虫，继续蛀芽危害。8 月后，第 2 代成虫羽化并交尾产卵，之后幼虫蛀芽并结茧过冬。

45. 如何有效防治梨大食心虫?

一是结合冬季修剪，剪除并销毁被害芽。

二是在春季越冬幼虫转芽危害前检查并除掉被害芽，转果危害前检查并除掉枯萎的花序以及其基部的鳞片，转果后及时摘除被害果实，并且剪除的芽、花和果均要及时销毁。

三是对于“小年树”或是经济价值高的品种，可用“刺虫保果”技术，即在开花前，用针从蛀入孔刺入，刺死越冬幼虫。另外，可以利用黑光灯诱杀成虫。

四是利用天敌，可先采集被害虫果，统一放入纱笼，出现寄生蜂、寄生蝇等天敌后，再将这些天敌释放入梨园。

五是越冬幼虫转芽期、幼虫转果期和成虫羽化产卵期喷药防治。可用的杀虫剂有 20% 氰戊菊酯乳油 2 000 倍液、5% 高效氯氰菊酯乳油 2 000 倍液、2.5%

敌杀死乳油 2 000 倍液、2.5% 功夫乳油 2 000 倍液、40.7% 乐斯本乳油 1 500 倍液等。

46. 如何识别桃小食心虫的危害症状?

桃小食心虫主要危害果实，幼虫从果实胴部或是梗洼周围蛀入果内，蛀入孔流出泪滴状的胶质，不久干枯呈白色蜡质膜，之后蛀入孔随着果实的生长而愈合成微陷的小黑点。而幼虫在果皮下蛀食果肉，形成果面凹陷，同时在果实内排粪。幼虫老熟后，会在果实表面咬出脱果孔离开果实。

47. 桃小食心虫有怎样的发生规律?

桃小食心虫广泛发生于我国梨区，1 年发生 1 代，以老熟幼虫在树冠下土中结茧越冬。第二年 5 月末开始，越冬幼虫破茧出土，一般遇适当降雨 2 ～ 3 d 后即能连续大量集中出土，之后在树干、石块、土块等缝隙处结茧化蛹，经 15 d 左右羽化为成虫，盛期在 6 ～ 7 月。羽化为成虫后 2 ～ 3 d 即产卵于果实的萼洼、梗洼或叶背处，经 7 ～ 10 d 孵化为幼虫，即可开始蛀果危害。幼虫在果内危害约 20 d，之后咬出脱果孔脱果，落地入土结茧过冬。

48. 如何有效防治桃小食心虫?

一是冬季翻树盘。因为桃小食心虫越冬茧多在距主干 0.5 m 内的表层土壤里，翻树盘能将越冬虫茧埋到深处窒息致死，亦能翻上地表干死或被天敌消灭。

二是树盘覆膜，阻隔成虫上树；及时摘除被害果清除出果园销毁；采取果实套袋技术。

三是利用性诱剂诱杀成虫。

四是利用天敌防治。桃小食心虫的寄生性天敌有中国齿腿姬蜂和甲腹茧蜂，还可用白僵菌等寄生菌。另外新发现的泰山 1 号线虫，作用也很好。

五是越冬虫出土时，向主干周围喷洒 48% 乐斯本乳油 500 倍液、10% 氯氰菊酯乳油 1 500 倍液等，或是用药剂拌土；在成虫发生高峰期，喷药防治，可用药剂有菊酯类、30% 桃小灵 2 000 倍液、25% 灭幼脲 3 号或青虫菌 6 号 1 000 倍液。

49. 如何识别梨木虱的危害症状?

梨木虱主要危害梨树的芽、新梢、叶片，以若虫为主，包括成虫刺吸汁液（见彩图 32、33）。新梢被害后发育不良。受害叶片出现褐色枯斑，严重时整叶褐变甚至变黑并落叶。梨木虱危害的同时分泌大量黏液，使叶片和果实黏在一起，并会诱发煤污病，果面和叶面变成黑色，影响果实的生长和外观质量。梨木虱发病严重的梨园，树势衰弱，产量降低，花芽减少，寿命缩减。

50. 梨木虱有怎样的发生规律?

梨木虱在不同产区每年发生的代数不同，辽宁 3 ～ 4 代，河北 4 ～ 6 代，河南、山东 5 ～ 7 代。以成虫在树皮裂缝、落叶、杂草甚至土石缝隙越冬。翌年春季，梨树花芽膨大前，平均气温达5℃以上时，开始出蛰，产卵于梨芽基部或短枝叶痕处，卵期 7 ～ 10 d，幼、若虫期 30 ～ 40 d。以后各代成虫将卵产在幼嫩组织的茸毛内、叶缘锯齿间或叶面主脉沟内。若虫多群集危害，同时分泌黏液，并在黏液中生活、取食继续危害。辽宁产区第一代发生在 5 月上中旬，第二代发生在 6 月中旬，第三代发生在 7 月上旬，第四代发生在 8 月中旬。9 月末开始出现冬型成虫。

51. 如何防治梨木虱?

一是注意灌封冻水，结合冬剪刮除老树皮，及时清园并销毁，消灭越冬成虫。

二是利用天敌。梨木虱的天敌有寄生蜂、瓢虫、草蛉及捕食螨等，均可利用。

三是化学防治注意防治梨木虱的 3 个关键期：一是梨芽伸出露白期；二是梨树落花 80%～ 90%。

三是梨树落花后 30 d。可选用的药剂有 3.2% 阿维菌素乳油 5 000 ～ 6 000 倍液、5% 高效氯氰菊酯乳油 1 500 ～ 2 000 倍液、2.5% 三氟氯氰菊酯乳油 2 000 ～ 2 500 倍液、25% 吡虫啉可湿性粉剂 6 000 倍液、20% 啶虫脒可湿性粉剂 6 000 倍液。

52. 山楂叶螨的危害症状如何识别?

山楂叶螨，又称山楂红蜘蛛，在各梨产区均有发生，主要危害叶片。叶片受害后正面出现许多微小失绿的黄色斑点，叶背有拉丝。之后这些斑点相连形成大片的黄斑，严重时叶片变褐焦枯，逐渐变硬变脆，导致叶片早期脱落。

53. 山楂叶螨有怎样的发生规律?

山楂叶螨每年发生的代数因地区差异而不同。我国北方梨区一年发生6～9代。以雌成螨在树皮缝内或根颈周围的土石缝隙中潜伏越冬。梨树花芽膨大期开始出蛰，落花期为出蛰盛期，展叶期开始转至叶片危害，并产卵繁殖，之后扩散至整树危害，第一代发生较为整齐，以后各代重叠发生。每年7～8月，高温干旱的天气能缩短各虫态期，繁殖加快，发生量最大，危害严重，若高温高湿则危害较轻。山楂叶螨喜在叶背面危害，集中在叶片基部主脉两侧取食，并拉丝结网，产卵于网上。

54. 如何有效防治山楂叶螨?

一是梨树休眠期刮除老翘树皮并清理销毁，重点是主枝分杈，消灭越冬成螨。

二是保护利用天敌。

三是梨树萌芽前全园喷洒石硫合剂。落花期为出蛰盛期，此期为防治的关键时期，可选用5%尼索朗乳油1 000～2 000倍液、15%扫螨净乳油2 000～3 000倍液、20%螨死净乳油2 000～3 000倍液、5%霸螨灵悬浮剂1 000～2 000倍液，药剂轮换使用。

55. 如何认识梨肿叶瘿螨的危害症状?

梨肿叶瘿螨又叫梨肿叶壁虱。各梨区均有发生，局部地区危害较重。主要危害梨树嫩叶，严重时也危害叶柄、果梗、幼果等。多发生在被害叶片背面的主脉两侧，初期出现淡绿色疱疹，后逐渐扩大，变为红褐色，干枯后变黑色，叶背面凹陷卷曲，正面呈扁圆形隆起的虫瘿，进而引发早期落叶，削弱树势，减少花芽形成，降低翌年产量。

56. 梨肿叶瘿螨的发生规律是怎样的?

梨肿叶瘿螨1年发生多代，以成虫在芽鳞片下越冬。春季梨树萌芽展叶时出蛰，从气孔侵入幼嫩叶片危害，导致叶片组织增生而肿大成疱疹，即虫瘿，并在其内继续繁殖危害。秋季成螨从虫瘿内钻出，并潜入芽鳞片下越冬。

57. 如何有效防治梨肿叶瘿螨?

一是及时清园，摘除虫叶并清除出果园，集中销毁。

二是萌动前至梨芽膨大期喷3～5波美度石硫合剂，消灭越冬成虫。

三是成虫发生危害时，喷药防治，可用药剂有5%尼索朗乳油1 000倍液、20%哒螨灵可湿性粉剂2 000倍液、5%霸螨灵悬浮剂1 500～2 000倍液、1.8%阿维菌素乳油3 000～5 000倍液。

58. 如何认识梨缩叶瘿螨的危害症状?

梨缩叶瘿螨又叫梨缩叶壁虱，以成螨及若螨危害梨树的幼嫩组织，包括嫩叶、花、幼果等。嫩叶发生于叶缘，受害叶背面主脉两侧的叶缘增厚、褪绿，叶片皱缩沿叶缘向正面卷缩，严重时，增厚部位变为铁锈色，整个叶片卷成两个圆筒，并变硬变脆，无法展开，降低叶片的光合作用，进而影响树体生长及果实的发育。危害花时，造成子房凋萎，不能坐果。梨缩叶瘿螨也危害幼果，在果面上形成多个大黑斑，并使果实变成畸形果。

59. 梨缩叶瘿螨的发生规律是怎样的?

梨缩叶瘿螨以成螨在芽鳞片下越冬。1年可发生多代，春季萌芽期出蛰，到幼嫩组织上取食危害，形成叶背面突出虫瘿，使叶片皱缩卷曲红肿。随着叶片的展开，成虫集中在叶片上危害并开始繁殖产卵，5月幼虫、成虫、卵都有出现，世代交替，群数量激增，危害最严重。秋季成螨转移到芽鳞片下准备越冬。

60. 如何有效防治梨缩叶瘿螨?

一是及时摘除皱缩叶，并清除出果园，集中销毁。

二是梨花芽膨大时喷 5 波美度石硫合剂，消灭越冬成虫。

三是花后喷药防治，可用药剂有 15% 霸螨灵悬浮剂 2 000 ～ 3 000 倍液、20% 哒螨灵可湿性粉剂 2 000 倍液、1.8% 阿维菌素乳油 3 000 ～ 4 500 倍液。

61. 如何识别梨黄粉蚜的危害症状？

梨黄粉蚜又称黄粉虫，在各梨产区均有发生，仅危害梨树，多危害果实，少危害叶片。以成虫和若虫危害，喜群集在果实萼洼处，刺吸果实汁液危害，成虫、若虫和卵堆集在一起，形似黄粉。受害果实萼洼处产生黄斑并凹陷，之后变褐变黑，直至腐烂、脱落。如有套袋，梨黄粉蚜会从袋口的缝隙钻入，聚集在果柄及果肩处繁殖危害。

62. 梨黄粉蚜的发生规律是怎样的？

梨黄粉蚜，1 年可发生 8 ～ 10 代，以卵在树皮裂缝或枝干残附物下越冬。翌年梨树花期，越冬卵孵化成若虫，先在嫩皮处取食，后转至果实萼洼处危害，并产卵繁殖。梨黄粉蚜怕光，多在避光背阴处危害，而套袋果园因袋内避光潮湿无药容易发生。果实被害后，7 ～ 8 月开始出现落果，8 ～ 9 月成虫出现，并在树皮裂缝等处产越冬卵。

63. 如何有效防治梨黄粉蚜？

一是结合冬季修剪，刮除老翘树皮并清理销毁，消灭越冬卵。

二是萌芽前全园喷 5 波美度石硫合剂，尤其是主干和大枝。

三是花前或花后是防治关键时期，喷药防治，可选药剂有 2.5% 扑虱蚜可湿性粉剂 1 000 ～ 2 000 倍液、10% 蚜虱净可湿性粉剂 4 000 ～ 6 000 倍液、10% 吡虫啉 1 500 倍液、3% 啶虫脒乳油 2 000 ～ 2 500 倍液。

四是套袋果园选用防虫果袋，套袋前必须喷药 1 次。

五是套袋后要及时解袋检查，若发现梨黄粉蚜钻袋要立即喷药防治。可喷 48% 毒死蜱乳剂 1 500 倍液混加 80% 敌敌畏乳剂 1 500 倍液。若袋内梨黄粉蚜量大，必须解袋喷药进行防治。

64. 如何识别茶翅蝽的危害症状？

茶翅蝽又名椿象，各梨产区均有发生，危害逐渐加重。茶翅蝽食性杂，可危害梨、苹果、桃、杏、山楂、无花果、石榴、柿等果树，亦可危害榆树、桑树、泡桐、刺槐、丁香等林木。以成虫或若虫危害嫩叶、新梢和果实。嫩叶、新梢被害后初期表现不明显，但严重时叶片会失绿枯黄，甚至落叶，新梢会停止生长。果实受害部位的果肉木栓化，变苦变硬，随着发育，果实会变成果面凹凸不平的畸形果，俗称疙瘩果。

65. 茶翅蝽有怎样的发生规律？

茶翅蝽 1 年发生 1 代，以成虫在墙缝、石缝、屋檐、树洞和枯枝落叶等隐蔽背风处越冬。成虫在 4 月出蛰，先集中在桃树、桑树、杨树等，5 月中下旬迁入梨园危害。6 月开始产卵，多产于叶片背面，呈块状整齐排列，5 ～ 7 d 孵化出若虫，先聚集在卵周围，之后分散危害。7 ～ 8 月出现当年成虫，与若虫世代交替，同时危害果实，此期危害严重。9 月下旬至 10 月，成虫飞离果园至越冬场所准备过冬。

66. 如何有效防治茶翅蝽？

一是在出蛰期和准备越冬时捕杀成虫，在成虫产卵后及时清除卵块和刚孵化的若虫，集中销毁。

二是保护利用天敌，可用天敌有椿象黑卵蜂、虎斑食虫虻和大食虫虻等。

三是采用果实套袋技术，利用果袋保护果实，防止茶翅蝽的危害。

四是若虫发生期喷药防治，可选药剂有 48% 乐斯本乳油 1 500 ～ 2 000 倍液、2.5% 功夫菊酯乳油 2 000 倍液、氰戊菊酯乳油 3 000 倍液等。梨园喷药的同时对周边树林进行喷药。

67. 如何识别梨茎蜂的危害症状？

梨茎蜂俗称折梢虫，主要危害梨树新梢（见彩图 34）。成虫将新梢 4 ～ 5 片叶处锯伤，并产卵于此，被害新梢枯萎、落叶、折断，孵化的幼虫在新梢折断部位向下蛀食危害。危害严重的梨园，树势衰弱，产量下降。

68. 梨茎蜂的发生规律是怎样的?

梨茎蜂 1 年发生 1 代，以老熟幼虫在受害枝条内越冬。翌年早春化蛹，梨树花期羽化，在枝内停留 3 ～ 6 d 后钻出。当新梢长至 5 ～ 6 cm 长时开始危害产卵，一般盛花后 10 d 是成虫产卵危害盛期，产卵期很整齐，约 15 d。受害新梢枯萎、折断、脱落。卵期约 1 周，孵化出的幼虫向下蛀食新梢的木质部，被害枝梢逐渐干枯、萎缩成黑褐色干橛。6 ～ 7 月幼虫蛀入两年生枝内，之后开始老熟，8 月身体倒转做茧，准备越冬。

69. 如何有效防治梨茎蜂?

一是冬季修剪时剪除被害枝，并清理集中销毁，消灭越冬虫源。

二是梨树初花期悬挂 20 cm×30 cm 的黄色双面粘虫板，利用黄色引诱成虫，使其被粘住致死。每亩均匀悬挂 12 块，距地面高度 1.5 ～ 2 m。

三是生长季及时检查，剪除被害新梢并销毁，减少虫源。

四是成虫发生期喷药防治，药剂有 90% 敌百虫 800 ～ 1 000 倍液、80% 敌敌畏乳剂 800 ～ 1 000 倍液、20% 氰戊菊酯乳油 2 000 倍液或 2.5% 敌杀死乳油 2 000 倍液。

70. 如何识别梨实蜂的危害症状?

梨实蜂又称梨食锯蜂，是一种影响梨树生产的重要害虫。成虫产卵于花萼内，花萼受害处出现一稍鼓起的小黑点，内有白色虫卵。卵孵化出幼虫先危害花萼，受害部变黑。落花后，可见黑色虫孔，幼虫蛀入果心危害，直至将果实蛀空，被害幼果干枯、变黑、脱落。

71. 梨实蜂有怎样的发生规律?

梨实蜂 1 年发生 1 代，以老熟幼虫在距树干 1 m 内、10 cm 深土层中做茧越冬。第 2 年 3 月化蛹，蛹期约 7 d。之后羽化出土，先到李、杏、樱桃等核果类的花上取食花露，梨花序分离期达到羽化盛期。4 月梨花朵待放时转至梨花上产卵危害，盛花期达到产卵盛期，产卵于花萼内，卵期 5 ～ 6 d。孵化出的幼虫先在萼筒内取食，被害处变黑，萼筒将脱落时，钻入果实危害，并能转果危害。一头幼虫可以危害 2 ～ 4 个幼果。幼虫危害果实 15 ～ 20 d 后，5 月老熟脱果落地，钻入土中做茧越夏、越冬。

72. 如何有效防治梨实蜂?

一是受害严重的果园，成虫出土前进行地面药剂防治，消灭越冬成虫。喷施药剂可用 25% 辛硫磷水剂 300 倍液、48% 毒死蜱乳油 300 倍液。

二是梨开花前，成虫开始转移到梨花危害时，喷药防治，可用药剂有 48% 毒死蜱乳油 1 000 倍液、20% 速灭杀丁乳油 2 000 倍液、2.5% 功夫菊酯乳油 2 000 倍液、2.5% 溴氰菊酯乳油 2 000 倍液。

三是利用成虫的假死性，在发生初期的早晚震动枝干，将成虫震落，集中灭杀。及时检查并摘除被害花朵和幼果，将其销毁，避免其继续危害。

73. 如何识别梨冠网蝽的危害症状?

梨冠网蝽又称梨花网蝽、军配虫，危害梨、苹果、海棠、李、桃、山楂等果树。以成虫和若虫群集叶片背面刺吸汁液，产生黄褐色锈状斑，受害部位常落有黑褐色虫粪黏液，被害叶片正面出现黄白色小斑点，叶片逐渐失绿变白，严重时会造成早期落叶。

74. 梨冠网蝽的发生规律是怎样的?

梨冠网蝽以成虫在落叶杂草、树皮裂缝和土石缝隙内越冬。翌年 4 月，梨树展叶时开始取食危害，并产卵于叶背，若虫孵化后群集在叶背面主脉附近危害，之后扩散。由于成虫出蛰很不整齐，5 月后，各虫态同时存在，造成世代重叠，7、8 月危害最严重。10 月中下旬，成虫寻找适宜场所准备越冬。

75. 如何有效防治梨冠网蝽？

一是结合冬季修剪，刮除老翘树皮，同时清除落叶杂草，并及时销毁，消灭越冬成虫。

二是越冬成虫活动期至第1代若虫孵化期，是控制关键期，喷药防治。可用药剂有2.5%功夫菊酯乳油2 000倍液、20%速灭杀丁乳油1 500倍液、2.5%溴氰菊酯等菊酯类农药1 500倍液、50%辛硫磷1 000倍液、20%杀灭菊酯3 000倍液等。夏季严重发生时，也可用这些药剂，连续喷药。

三是9月在主干上绑缚草把，诱集成虫在此越冬，春季清园时一起销毁。

76. 如何识别梨二叉蚜的危害症状？

梨二叉蚜又称梨蚜，虫体绿色，前翅中脉分二叉，故称二叉蚜，在我国各梨产区均有发生。以成虫、若虫危害梨芽、嫩叶、新梢（见彩图35、36）。在叶片正面危害，造成受害叶片纵向卷曲，不会再伸展开，严重时叶片提早脱落。

77. 梨二叉蚜的发生规律是怎样的？

梨二叉蚜1年可发生20代，以卵在腋芽间、果台或枝条缝隙等处越冬。翌年梨树花芽萌动期孵化为若虫，群集在嫩芽上取食危害，开花后钻入芽内危害，展叶期转到嫩叶正面繁殖危害，受害叶片正面向上纵卷呈筒状。落花后出现大量卷叶，并陆续产生有翅蚜，5～6月飞到茅草或狗尾草等寄主上。9～10月产生有翅蚜，由寄主飞到梨树上繁殖危害，之后产生有性蚜，并于适宜越冬场所产卵。

78. 如何有效防治梨二叉蚜？

一是发生量不大时，及时摘除被害卷叶，集中销毁。

二是开花前，若虫未造成卷叶危害前喷药防治，可用药剂有10%蚜虱净可湿性粉剂4 000～5 000倍液、2.5%扑虱蚜可湿性粉剂1 000～2 000倍液、2.5%功夫菊酯3 000倍液、20%速灭杀丁1 000～1 500倍液等。

三是保护利用天敌。蚜虫的天敌主要有瓢虫、食蚜蝇、蚜茧蜂、草蛉、食蚜蝽、蜘蛛等。

四是利用糖醋液、黄板、黑光灯诱杀梨二叉蚜。

79. 如何识别梨星毛虫的危害症状?

梨星毛虫，各梨产区均有分布。以幼虫蛀食花芽、花蕾和嫩叶（见彩图37、38、39、40）。花芽、花蕾被蛀食后不能开放，并有黄褐色黏液从被害处流出。展叶期幼虫吐丝把叶缘纵向卷成饺子形，幼虫在其中取食叶肉，残留叶片表皮和叶脉呈透明网状，严重时整树的叶片干枯，并会造成树体的二次发芽，影响树势和产量。

80. 梨星毛虫有怎样的发生规律?

梨星毛虫在东北、华北 1 年发生 1 代，在河南、陕西 1 年发生 2 代，各地均以 2 龄幼虫在树干或主枝上的树皮裂缝中结茧越冬。翌年梨花芽萌动时出蛰危害花芽或花蕾，展叶期则危害叶片造成卷叶。1 只幼虫可危害 7 ～ 8 片叶，在最后一片包叶内结茧化蛹，蛹期约 10 d。6 ～ 7 月出现成虫，产卵于叶背面，约 1 周后孵化成幼虫。若虫取食约 10 d 后开始准备休眠越冬。

81. 如何有效防治梨星毛虫?

一是结合冬季修剪刮除老翘树皮，并清理销毁，消灭越冬幼虫。

二是越冬幼虫出蛰期喷药防治，可选用 50% 辛硫磷乳油 1 000 倍液、2.5% 功夫菊酯乳油 2 000 倍液、20% 灭扫利乳油 3 000 倍液、20% 氰戊菊酯乳油 2 000 倍液、2.5% 溴氰菊酯乳油 2 000 倍液、5% 高效氯氰菊酯乳油 2 000 倍液等药剂。

三是人工摘除受害花芽、叶片并集中销毁。

四是利用天敌，释放赤眼蜂。

82. 如何识别舟形毛虫的危害症状?

舟形毛虫，因其头尾翘起，形似木舟，故得此名，在北方各梨产区均有发生，以幼虫危害叶片。初孵化幼虫常喜群集，啃食叶肉危害，仅留表皮和叶脉，呈透明网状，之后分散危害，可将叶片啃食得仅剩叶柄，严重时可将整树叶片啃食光，严重影响树势和产量。

83. 舟形毛虫的发生规律如何？

舟形毛虫 1 年发生 1 代，以蛹在树冠下土壤中越冬。翌年 7 月羽化，7 月下旬为羽化盛期。成虫昼伏夜出，产卵于叶片背面，卵期约 1 周。8 月孵化出幼虫，早晚取食，群集叶背危害。受震动惊吓后会吐丝下垂。幼虫期约为 40 d。9 月后，幼虫老熟，开始钻土化蛹越冬。

84. 如何有效防治舟形毛虫？

一是春季翻树盘挖蛹，收集越冬虫蛹并销毁，减少虫源。

二是初孵化小幼虫群集危害时，人工摘除虫叶，集中捕杀。

三是幼虫发生期喷药防治，可用药剂有 bT 乳剂 500 倍液、25% 灭幼脲 3 号 1 000 倍液或 30% 阿维灭幼脲乳油 3 000 倍液、2.5% 溴氰菊酯乳油 4 000 倍液。

四是黑光灯诱杀，在 7 月成虫羽化期设置诱杀成虫。

五是利用天敌，人工释放卵寄生蜂。

85. 如何识别梨潜皮蛾的危害症状？

梨潜皮蛾，俗称串皮虫。以幼虫潜入枝条表皮下蛀食危害，也会危害果实。该虫在表皮下不断串食，形成弯曲虫道，并且虫道内塞满虫粪，使表皮鼓起。虫多时，虫道相连成片，造成表皮翘起、枯死。

86. 梨潜皮蛾有怎样的发生规律？

梨潜皮蛾，1 年发生 1 ～ 2 代，以低龄幼虫在受害的枝条表皮下的虫道内越冬。梨树萌芽后开始危害。6 月幼虫老熟，在虫道内化蛹，蛹期约 20 d。7 月羽化成虫，在幼嫩枝条上产卵，卵期 5 ～ 7 d。8 月孵化出的幼虫直接蛀入枝条表皮下开始串食危害，之后在虫道内准备越冬或是因地区不同继续羽化下一代，产卵孵化幼虫，然后再次蛀入表皮危害，直至越冬。

87. 如何有效防治梨潜皮蛾?

一是结合冬季修剪，剪除受害枝条，清理并销毁，消灭越冬虫源。

二是在幼虫危害期，检查受害枝条，在鼓起处及虫道末端有幼虫，手按消灭。

三是成虫羽化期至产卵期喷药防治，可用药剂有0.5%阿维菌素2 000倍液、2.5%功夫菊酯乳油2 000倍液、50%对硫磷2 000倍液等。

88. 如何识别天幕毛虫的危害症状?

天幕毛虫为枯叶蛾幼虫，喜群集吐丝成网幕，故得此名，老龄后分散危害。天幕毛虫主要危害梨树的嫩芽和叶片，严重时，整株叶片被吃光，削弱树势，影响生长和产量。

89. 天幕毛虫的发生规律是怎样的?

天幕毛虫1年发生1代，以胚胎发育完成的幼虫在卵壳内越冬。翌年春季梨树萌芽时，幼虫孵化，危害嫩叶。5月幼虫转至枝杈处吐丝结网幕，并在网中昼伏夜出，后幼虫开始分散危害整树。5月底幼虫老熟，在叶片背面、树皮缝隙、杂草丛等处做茧化蛹。6～7月进入成虫发生盛期，羽化后产卵于当年生枝条上，卵灰白色，椭圆形，呈数排环绕枝条。

90. 如何有效防治天幕毛虫?

一是冬季修剪时，剪掉枝条上的卵块，集中销毁。

二是孵化出的幼虫在树上吐丝结幕时，集中捕杀。

三是悬挂黑光灯，诱杀成虫。

四是药剂防治，可用药剂有50%辛硫磷乳油1 000倍液、50%对硫磷乳油1 500倍液、50%马拉硫磷乳油1 000倍液、2.5%功夫菊酯乳油3 000倍液、4.5%氯氰菊酯乳油1 000倍液、20%杀灭菊酯乳油2 000倍液。

91. 如何识别黄刺蛾的危害症状?

黄刺蛾以幼虫危害叶片，多群集在叶片背面取食叶肉，受害叶片成透明网状。之后成龄幼虫分散危害，将叶片啃食成空洞、缺刻，严重时仅留叶柄，削弱树势，降低产量。

92. 黄刺蛾有怎样的发生规律?

黄刺蛾每年因地区不同而发生 1 ～ 2 代，以老熟幼虫在枝条的分杈处结茧越冬。以 1 代区为例，翌年 6 月老熟幼虫在茧内化蛹，7 月为成虫发生期，在叶片背面产卵，卵期 1 周左右。幼虫于 7 ～ 8 月开始危害，之后老熟幼虫在树上结茧越冬。

93. 怎样防治黄刺蛾?

一是冬季修剪时，清除枝条上的虫茧，减少越冬幼虫数量。

二是保护利用天敌，可用天敌有上海青蜂、刺蛾广肩小蜂、刺蛾紫姬蜂、姬蜂、螳螂等。

三是卵孵化盛期和幼虫低龄期喷药防治，可用药剂有 25%灭幼脲 3 号悬浮剂 1 000 ～ 1 500 倍液、20%虫酰肼 2 000 倍液、2.5%高效氯氟氰菊酯乳油 2 000 倍液、90% 敌百虫 1 500 倍液等。

94. 如何识别金龟子的危害症状?

危害梨树的金龟子常见的种类主要有小青花金龟、苹毛丽金龟、黑绒金龟、铜绿丽金龟、白星花金龟等 5 种。小青花金龟、苹毛丽金龟和黑绒金龟均以成虫咬食梨树的芽、花蕾、花瓣及嫩叶，可将花或嫩叶吃光，削弱树势。铜绿丽金龟以成虫取食叶片，可将叶片吃光，仅留叶柄和叶脉，影响树体生长，尤其对幼树伤害大。白星花金龟以成虫啃食果肉，产生虫斑，之后腐烂脱落，降低产量。

95. 各种金龟子的发生规律有何不同?

小青花金龟，1 年发生 1 代，以成虫和蛹在土中越冬。春季先在核果类果树上危害，梨树开花后转至梨树上危害花朵，落花后又转移至其他作物上取食。6月成虫产卵土中，孵化的幼虫在土中取食，并化蛹越冬。

苹毛丽金龟，1年发生1代，以成虫在土中越冬。成虫于4月出蛰，梨树开花时危害花朵，之后产卵于土中，孵化的幼虫在土中取食。8月老熟幼虫钻至约1m深的土层下化蛹，羽化后的成虫在土中越冬。

黑绒金龟，1年发生1代，以成虫在土中越冬。春季土温达到10℃以上时，越冬成虫出蛰，先在杨、柳树上取食，核果类开花后便开始危害，梨树开花后转至梨树上危害。成虫羽化后产卵于土中，并在土中越冬。孵化出的幼虫在土中取食，老熟后在约30cm深的土层化蛹。

铜绿丽金龟，1年发生1代，以幼虫在土中越冬。翌年4月，幼虫开始化蛹，6～8月均为成虫发生期，盛期7月。成虫昼伏夜出，产卵于3～10cm深的土中，孵化出的幼虫在土中取食，老熟越冬。

白星花金龟，1年发生1代，以幼虫在土中越冬。春季4月幼虫化蛹，5月成虫出现，以6～7月为成虫发生盛期。成虫常群集于果实上危害，之后产卵于土中，孵化出的幼虫在土中取食，老熟越冬。

96. 怎样有效防治金龟子?

一是结合秋施基肥进行果园深翻，以消灭金龟子的幼虫（蛴螬）。

二是所施的农家肥要充分腐熟，减少蛴螬来源。

三是利用金龟子的假死性，在早晚气温低、金龟子停止活动的时候，敲击枝干将其震落，收集并销毁。

四是利用铜绿丽金龟和黑绒金龟的趋光性，安装太阳能杀虫灯或振频式杀虫灯诱杀。

五是栽植趋向作物，包括葱、向日葵、蓖麻等，诱杀金龟子。

六是利用糖醋液诱杀小青花金龟和白星花金龟。

七是地面喷药，可用药剂有48%乐斯本乳油、50%辛硫磷乳油，与土混拌比例为1:100。

八是在成虫发生期喷药防治，可用药剂有10%吡虫啉可湿性粉剂1 500倍液、40%乐斯本乳油1 000倍液、2.5%功夫菊酯乳油1 000倍液等。下午4点以后喷药效果好。

97. 如何识别金缘吉丁虫的危害症状?

金缘吉丁虫以幼虫危害枝条，在枝干皮层内、木质部和韧皮部之间纵横串食，被害部位变为黑褐色，虫道内布满虫粪和木屑，枝条输导组织被破坏，后期枝条纵向开裂、枯死，严重时造成整树死亡。因输导组织遭到破坏，致使树势衰弱，出现红叶、小叶，重者枯枝，甚至全树死亡。

98. 金缘吉丁虫的发生规律是怎样的?

金缘吉丁虫在北方梨区 2 年完成 1 代，以幼虫在枝干虫道内越冬。翌年 4 月化蛹，蛹期 15 ～ 30 d。5 ～ 7 月为成虫发生期，盛期在 5 月下旬至 6 月上旬。成虫羽化后 10 d 开始产卵于树皮裂缝处；6 月上中旬为幼虫的孵化盛期，初孵幼虫即蛀入皮层，串食危害。后随虫龄增加，蛀入木质部危害，并在木质部越冬。

99. 如何有效防治金缘吉丁虫?

一是冬季修剪时，刮除老翘树皮，清除死枝，并集中清理销毁，消灭越冬幼虫。

二是利用成虫的假死性，在成虫发生期，震荡树体，捕杀成虫。

三是 5 月成虫羽化出洞前用药剂封闭枝干，可用药剂有 50% 杀螟硫磷乳油 800 倍液、90% 敌百虫 600 倍液、48% 乐斯本乳油 800 倍液。喷洒主干和树皮。

四是成虫发生期喷药防治，可用药剂有 25% 西维因可湿性粉剂 400 倍液、20% 氰戊菊酯乳油 2 000 倍液、90% 敌百虫 800 倍液、80% 敌敌畏乳油 800 倍液等。

100. 如何识别梨瘿华蛾的危害症状?

梨瘿华蛾以幼虫蛀食新梢危害，被害处膨大成球状虫瘿，蛀口旁有一枯黄叶片，易于识别。危害严重时，枝条上会出现连串虫瘿，造成枝条枯死，削弱树势。

101. 梨瘿华蛾的发生规律是怎样的？

梨瘿华蛾每年发生 1 代，以蛹在被害枝条的虫瘿内过冬。翌年梨树萌芽时成虫开始羽化，花芽开绽前达到羽化盛期。羽化后的成虫多在傍晚活动，之后产卵于梨芽旁或枝条缝隙中，梨抽生新梢时卵孵化，卵期 18 ～ 20 d。初孵幼虫蛀入新梢危害，受害部逐渐膨大成瘤状。幼虫在虫瘤内纵横串食。幼虫危害至 9 月老熟，之后化蛹越冬。

102. 如何防治梨瘿华蛾？

一是冬季修剪时，剪除虫瘿枝条，集中销毁。

二是保护利用天敌寄生蜂。

三是花芽开绽前喷药防治成虫，可用药剂有 5% 高效氯氰菊酯乳油 2 000 倍液、2.5% 功夫菊酯乳油 2 000 倍液、20% 灭扫利乳油 3 000 倍液、20% 氰戊菊酯乳油 2 000 倍液、2.5% 敌杀死乳油 2 000 倍液等。

四是幼虫孵化初期喷药，选用 50% 对硫磷乳油 2 000 倍液、50% 杀螟松乳油 1 500 倍液。

103. 如何识别梨圆蚧的危害症状？

梨圆蚧，各梨区均有分布，以成虫、若虫危害梨树的树干、枝条、叶片和果实等任何部位，主要危害枝干。枝干受害后，导致皮层木栓化及输导组织的死亡，枝条枯死、落叶，严重时整树死亡。梨果受害处多梗洼和萼洼，在果实表面虫体周围形成紫红色斑，后变成黑褐色斑，直至果面龟裂。

104. 梨圆蚧的发生规律如何？

梨圆蚧每年发生 2 ～ 3 代，以若虫在枝干上越冬。翌年早春树体萌动时开始危害。4 月化蛹，5 月羽化，交尾后雄虫死亡，6 月雌虫胎生繁殖。若虫爬至新梢、叶片、果实上危害，以其口针刺入，并分泌蜡状物质，逐渐形成蚧壳，不再移动。7 ～ 8 月出现第 2 代成虫，之后产仔以若虫越冬。也可在 9 ～ 11 月发生第 3 代成虫。

105. 如何有效防治梨圆蚧?

一是梨树萌芽前全园喷 5 波美度石硫合剂或 99% 机油乳剂 100 倍液，杀死越冬若虫。

二是第 1 代雌成虫产仔期至新生若虫扩散期喷药防治，可用药剂有 40% 速扑杀乳油 1 000 倍液、2.5% 功夫菊酯乳油 2 000 倍液、3% 啶虫脒乳油 1 000 倍液、25% 扑虱灵可湿性粉剂 2 000 倍液、50% 对硫磷乳油 1 500 倍液、50% 马拉硫磷乳油 1 000 倍液。

三是 10 月下旬梨树落叶后防治，对树体和地面喷药，可用药剂有 99% 机油乳剂 30 倍液、25% 蚧死净乳油 800 倍液。

106. 如何识别大青叶蝉的危害症状?

大青叶蝉又称大绿浮尘子，雌成虫以其尾部产卵器刺破梨树枝条表皮产卵，形成月牙形凸起伤口。每头雌成虫可造成 3 ～ 6 个伤口，受害枝条会在冬春季出现抽干失水，甚至死亡。越冬卵孵化的若虫和成虫刺吸叶片汁液危害，造成叶片褪绿、畸形或卷缩，严重时全叶枯死。此外，大青叶蝉还可传播病毒病。

107. 大青叶蝉有怎样的发生规律?

大青叶蝉因地区差异每年发生 2 ～ 5 代，以卵在梨树主干或枝条表皮下越冬。4 月越冬卵孵化，若虫先危害杂草、蔬菜或农作物，若虫期 30 ～ 50 d。5 月第 1 代成虫发生，6 ～ 8 月第 2 代成虫发生，7 ～ 11 月第 3 代成虫发生，甚至多代，各代重叠，10 月底末代成虫开始产卵越冬。

108. 如何有效防治大青叶蝉?

一是利用大青叶蝉的趋光性，安放黑光灯，诱杀成虫。

二是保护利用天敌，可用天敌有赤眼蜂、叶蝉柄翅卵蜂、蟾蜍、蜘蛛等。

三是 4 月越冬卵孵化和秋季雌成虫产卵时喷药防治，可用药剂有 2.5% 溴氰菊酯 1 500 倍液、2.5% 高效氯氰菊酯 2 500 倍液、50% 辛硫磷乳油 1 000 倍液、80% 敌敌畏乳油 1 500 倍液等。

七、自然灾害防御及药害防控

1. 冬季低温灾害对梨树的危害症状有哪些?

(1)枝条冻害 枝龄不同，冻害发生的程度存在差异，发生冻害的顺序为1年生枝＞2年生枝＞多年生枝。冻害的发生与枝条的发育程度有关，秋季贪青徒长、停止生长晚、发育不成熟的幼嫩新梢，因组织不充实，保护性组织不发达，容易受冻而干枯死亡；发育正常的枝条，其耐寒力虽强于幼嫩新梢，但在温度太低时也会出现冻害。轻微受冻时只表现髓部变色，严重冻害时才伤及韧皮部和形成层，有些枝条外观看起来无变化，但发芽迟，叶片瘦小或畸形，生长不正常，剖开木质部色泽变褐，之后形成黑心，严重时整个枝条干枯死亡（见彩图41）。

(2)树干冻害 表现为树干破裂，受冻皮层下陷或开裂，内部变褐组织坏死，严重时组织基部的皮层和形成层全部冻死，造成树势衰落或整株死亡（见彩图42）。

(3)根颈冻害 根颈冻害是由于接近地面的小气候变化剧烈而引起的。根颈受冻后皮层变色死亡，轻则发生于局部，重则形成黑环，全株枯死。根颈冻害对果树危害极大，常引起树势衰弱、感病或整株死亡。

(4)花芽冻害 花芽严重受害时，全树花芽干枯死亡，或者内部变褐，鳞片基部变褐，有时花原基受冻或花原基的一部分受冻，使花器发育迟缓，或呈畸形。（见彩图43）

(5)根系冻害 在地下生长的根系其冻害不易被发现，但对地上部的影响非常显著，主要表现为枝条抽干、春季萌芽晚或不整齐，或在展叶后又出现干缩等现象，刨出根系则可看到外部皮层变为褐色，皮层与木质部分离，甚至脱落等。

（6）日灼　日灼表现在枝干的南面和西南面。因冬季白天光照强度大，枝干温度升高，夜间冻结的细胞解冻，冻融交替，使皮层细胞遭受破坏。受害轻时，树皮变色横裂成斑块状；受害重时，树皮变色凹陷，韧皮部与木质部脱离，干枯、开裂或脱落，甚至死亡。

2. 防控冬季低温灾害的措施有哪些？

（1）选育抗寒品种　这是防控冬季低温灾害的最根本而有效的途径。

（2）因地制宜适地适栽　各地应根据本地区的气候条件，选择适宜在当地发展的品种。在气候条件较差的地区，可利用良好的小气候，新引进的品种必须进行试栽，在产量和品质达到基本要求的前提下，才能加以推广。

（3）抗寒栽培　利用抗寒力强的砧木进行高接建园可以减轻低温灾害。在周年管理中前期促进旺盛生长，后期控制生长，使其充分成熟，及时进入休眠。

（4）加强树体越冬保护　定植后的 1 ～ 3 年，越冬前树干基部培土防寒，保护根颈。

3. 冻害发生后的补救措施有哪些？

（1）提早浇水　春季提早浇解冻水，尽早恢复树势。

（2）延迟修剪　修剪尽可能推迟至萌芽前进行，以利于辨别、区分受冻芽和受冻枝，最大限度保证产量和树体长势。应轻剪、多留花芽，待萌芽时再进行复剪。对剪锯口应及时用 843 康复剂、愈合剂等进行保护。

（3）病虫防治　春季及时剪除清理死枝，逐树仔细查治腐烂病斑，刮治或隔离划道，涂抹果康宝、施纳宁、腐迪等防治腐烂病的药剂。对腐烂病发生较重的果园，选用果康宝、腐迪等药剂，涂刷树干从地面到 2m 高处。萌芽前及梨树生长季应结合防治其他病虫害，对枝干细致喷施杀菌剂。

（4）春季施肥，补充营养　秋季未施基肥的果园，春季应及早施肥，采取沟施或穴施，施肥深度 40 ～ 50 cm。施肥后及时浇水。在留花量不能满足产量要求的情况下，应适当少施氮肥或不施氮肥，多施有机肥。

4. 花期霜冻的症状有哪些？

梨花期受冻，由于雌蕊耐寒性最差，冻害轻时，雌蕊和花托被冻死，而花朵照常开放，只开花不坐果；冻害较重时，雄蕊柱头枯黄、萎蔫，花柄由绿变黄脱落。幼果受冻轻时，果实幼胚变褐，而果实表皮仍保持绿色，之后逐渐脱落；受害较轻的幼果长大后有“霜环”症状。

5. 花期霜冻的防控措施有哪些？

（1）选择适当的小气候环境建园 园址的正确选择是种植梨树最有效的防冻措施。实践证明，花期霜冻与地块、地势等诸环境因子密切相关，果园的小气候直接影响花期冻害的轻重。梨园应选择背风向阳的南向或东南向坡，以减少或避免寒冷空气的直接侵袭。

（2）延迟开花，躲避霜冻 ①果园灌水：果树萌芽到开花前灌水 2 ～ 3 次，可延迟开花 2 ～ 3 d。②树体涂白：早春主干、主枝涂白或全树喷白，以反射阳光，减缓树体温度上升，可推迟花芽萌动和开花。③树体喷激素：花期全树喷施 400 mg/L 的 GA_3。④树盘覆盖：经常受到霜冻的地区可利用秸秆或杂草等有机物进行树盘覆盖，延缓地温上升，延迟开花期，避开霜冻时期。

（3）果园喷水及营养液 霜冻来临前，夜晚 12 点起温度降到 0℃以下时，对果园进行连续喷水（可加入 0.1% ～ 0.3% 的硼砂），最好增设高空微喷设施；或喷布芸苔素 481、天达 2116；或花期喷布 0.3% 硼砂＋ 0.3% 磷酸二氢钾＋ 0.2% 钼肥＋ 0.5% ～ 0.6% 蔗糖水，提高果树抗寒、抗病能力和坐果率。 此方法虽然防控效果好，但需水量较大。

（4）果园熏烟加温 在霜冻来临前，利用锯末、麦糠、碎秸秆或果园杂草、落叶等交互堆积做燃料，堆放后上压薄土层或使用发烟剂（2 份硝铵、7 份锯末、1 份柴油充分混合，用纸筒包装，外加防潮膜）点燃发烟至烟雾弥漫整个果园。烟堆置于果园上风口处，一般每亩果园 4 ～ 6 堆（烟堆的大小和多少随霜冻强度和持续时间而定）。熏烟时间大体从夜间 10 点至翌日凌晨 3 点开始，以暗火浓烟为宜，使烟雾弥漫整个果园，至早晨天亮时才可以停止熏烟。

（5）其他措施 有条件的果园，可以在果园上空使用大功率鼓风机搅动空气，吹散凝集的冷空气。

6. 花期霜冻如何补救?

花期晚霜冻害后可采取以下措施进行补救：①花期受冻后，在花托未受害的情况下，喷布天达 2116 或芸薹素 481 等。②实行人工辅助授粉，提高坐果率。③加强土肥水综合管理，养根壮树，促进果实发育，增加单果重，挽回产量。④加强病虫害综合防控，尽量减少因霜冻引发的病虫危害，减少经济损失。

7. 早春抽条的症状有哪些?

抽条表现为枝干抽干失水，表皮皱缩、干枯，芽不能正常萌发，造成树冠残缺不全，树形紊乱，结果没有保证。严重时，整株树冠干枯死亡。一般多在一年生枝上发生，随着枝条年龄的增加，抽条率会下降。抽条的发生是因为枝条水分平衡失调所致，即初春气温升高，空气干燥度增大，幼枝解除休眠早，水分蒸腾量猛增，而地温回升慢，温度低，根系吸水力弱，导致枝条失水抽干。抽条发生与冬季温度太低、早春升温过猛关系极大。成年树抽条轻，幼树重。生长健壮、组织充实的幼树抽条轻；长势过旺、组织不充实的抽条则重。

8. 如何防控早春抽条?

为了避免发生抽条，可采取以下措施进行防控：

（1）选用抗冻、抗旱能力强的品种和砧木 应选用抗冻、抗旱能力强的品种。抽条严重地区可以砧木建园，就地高接。

（2）加强综合管理，促使枝条充实，增强越冬性 在果树生长前期正常生长的基础上，保证枝条及时停止生长。多施有机肥，合理适量施用氮肥。严格控制秋季水分，8 月上旬开始降低土壤含水量，排除过多水分。7 月下旬至 8 月初对旺盛生长的幼树喷 PBO 控制枝条后期旺长，同时要注意防治病虫害。

（3）树体保护 减少幼树伤口：在果树冬剪时，对幼树要轻剪缓放，尽量少留剪口，避免机械损伤等。枝干包扎防护物：用农作物秸秆或塑料薄膜等将幼龄果树的枝干包扎起来，包扎时间为上冻前后；解除不宜过早，否则还有抽条的危险，最好在顶芽开始萌动时解除。及时防治大青叶蝉：在大青叶蝉上树产卵前喷药防治。另外，可于 10 月中下旬对树干涂白。涂白剂的配方：生石灰 10 份，硫黄粉 1 份，食盐 0.2 份，水 35 份。也可用石硫合剂、食盐、豆浆各 0.5kg 和石灰 3kg 加适量水调和成涂抹剂，涂刷在幼龄果树的主干上。

（4）喷涂抑蒸保护剂 选树体自然落叶到上冻前的较暖天气（气温 0 ～ 5℃），喷涂京防 1 号或防抽宝脂，使涂抹部位形成一层既“严”又“薄”的保护膜，主要涂抹一、两年生的幼树或枝条。在 12 月下旬和翌年 2 月上旬取定量的石蜡保水剂，边搅拌边加入 10 倍 30 ～ 40℃的温水，然后对树体进行均匀细致的喷布。

（5）土壤灌水

1）在土壤结冻前灌足冻水。灌溉要适时，可视秋雨而定，如秋雨少、土壤干燥，在土壤上冻前 20 ～ 30 d 灌水一次。对 1 ～ 3 年生幼树冬灌应早，可于 11 月进行，过晚冬季地温低，升温慢，抽条反而加重。

2）早春灌水。在冬春特别干燥，土壤蒸发量很大时，或对保水性差的沙土地果园，在 3 月浇 1 次早春水，不但可以防止春旱，同时可防止抽条的发生。

9. 冰雹对树体的危害症状有哪些？

梨树经过冰雹袭击后造成危害，冰雹危害的程度取决于雹块大小和降雹强度，也与梨树所处物候期有关。轻者叶成花叶，果成畸形，削弱树势，造成减产降质；重者打烂树叶，击伤果实，损伤枝干，有的发二次枝，开二次花，使树势衰弱，树体贮藏营养减少，抗寒力下降。危害最重的，叶、果、树皮全部砸光，若干基部冰雹积聚过多，还可引起基干冻害，梨树生长发育减缓，病虫害大量发生流行，严重者整株死亡。（见彩图 44、45、46）

10. 冰雹的防控措施有哪些？

在梨树生产中，应当采取“以防为主，防控结合，综合治理”的防雹减灾方针，变被动抗灾为主动防雹、减灾避雹，做到避雹抗灾兼顾，防雹减灾并举，通过采取政策保障，综合运用以工程措施和栽培措施相结合的技术保障体系，构建可持续防雹减灾的长效机制，最大限度地减少梨树生产因灾造成的损失。

（1）建立科学的灾害防御体系 充分借助现代科学技术，如电子信息技术、卫星遥感技术、自动气象站等资料，对冰雹灾害进行实时动态监测及进行准确及时的灾害预警。完善以现代通信技术为基础的全方位的防雹减灾信息专业服务网络系统，努力提高防雹减灾信息的对外辐射能力。建立防雹减灾应急预案，切实规范其预警、响应、处置程序和办法，增强其可操作性，做好梨树重大冰雹灾害的预防、应急处置和灾后生产恢复工作。运用先进的科学技术，积极开展人工防雹等人工影响天气作业，最大限度地避免和减轻冰雹灾害对梨树生产和人民生活造成的损失。

（2）建立系统的避灾体系　结合当地的自然资源和气候条件，以避雹、减灾为前提，因地制宜，科学调整梨树的树种和品种结构，实行规模开发，推行标准化生产，增强避灾保收能力。新建果园择址时要求避开风口、低洼处，最大限度降低冰雹灾害发生的可能性。大力推行新型的栽培模式，设立防雹网，实现技术避害。

（3）建立合理的抗灾体系　选择抗病、抗逆境能力强、抗打击能力强、自身恢复能力强的梨树品种，会有效减少冰雹灾害造成的损失。

（4）建立完善的减灾技术体系　根据受灾情况和各地实际，制订科学合理的技术方案，科学评估灾害对梨树生长发育的影响，分类采取相应补救措施，尽快恢复长势。同时组织专家和技术人员深入灾区指导救灾，及时发布主导品种和主推技术，多形式、多层次开展技术培训，帮助农民解决灾后重建和梨树生产中的技术难题。

11. 雹灾后的梨树如何补救？

雹灾发生后，应当认真做好灾情统计核查工作，根据受灾情况和各地实际，制订科学合理的技术方案，科学评估冰雹灾害对梨树生长发育的影响，分类采取相应补救措施，尽快恢复长势。

（1）清理果园　雹灾后应将落地的残果、残枝和落叶及早清理干净，并集中销毁，减少传染源。伤口较多、树皮破损严重的一年生枝，已经没有利用价值，可把枝条彻底疏掉。较大的骨干枝皮层受伤而未断裂的，应尽量加以保护和利用。

（2）病虫害防治　针对灾后病虫害可能重发的趋势，进一步加强重大病虫害的预测预报，切实做到早发现早行动，及时喷洒一些保护剂和杀虫杀菌剂，保护叶片，最大限度降低灾后病虫害损失。推荐药剂为 50% 多菌灵 600 倍液或 70% 甲基硫菌灵 800 倍液 +10% 吡虫啉 3 000 倍液 +25% 三唑锡可湿性粉剂 1 500 倍液。主干、主枝和大的侧枝先清理伤口，再涂抹伤口保护剂，以提高伤口的愈合能力。结合药剂防治可适当增补氨基酸叶面肥和生长调节剂，碧护 10 000 倍液或天达 2116 1 200 倍液，有利于尽快恢复叶片功能。防治腐烂病是雹灾果园管理的重点任务之一。落叶以后，主干、大枝及没有愈合的旧病疤处刷 5% 菌毒清水剂 30 倍液或 843 康复剂。第二年早春及时刮病，之后涂抹 843 康复剂或果树康。

（3）加强肥水管理　雹灾后，树体受伤，枝叶破损、折断，严重影响光合产物制造、运输和积累。为了弥补树体营养损失，建议补充营养，增加养分供应。灾后趁土壤潮湿及时追施果树专用肥和复合肥等速效肥。每株大树施用果树专用肥 0.5 ～ 1 kg，浅沟施入，防止断根；小树酌减。地上部可结合药剂防治，喷施氨基酸叶面肥或 0.2% ～ 0.3% 磷酸二氢钾。8 月下旬至 9 月上中旬挖沟施基肥，沟深 60 cm 左右，每株大树施腐熟的农家肥 50 ～ 75 kg，施肥后立即灌透水。

（4）适当修剪　雹灾后尽量减少夏季修剪，不再进行环剥或环割，之前已进行环剥的，检查环剥口是否愈合，没有愈合的在环剥口上及时包扎牛皮纸或塑料条，促进愈合。适当疏除皮层受伤较重的枝条，减少蒸发量和养分消耗。雹灾后萌发大量的不定芽和隐芽，选留部位合适的芽梢用于辅养树体、补充枝组，尽快恢复树冠，其余全部疏除。果树落叶休眠后及早修剪，调整枝量。对伤口较多较大且没有完全愈合的小枝，可直接疏除，并涂抹果树康，保护剪锯口，防止失水。

（5）控制旺长　枝梢秋季旺长，不利于枝条越冬，为了抑制秋梢旺长，促进枝条成熟，应于 8 月中下旬喷布 1 次 PBO 200 倍液或氨基酸钾高效光合微肥，促进新梢成熟。

（6）提早采收　受灾相对较轻、仍有产量的果园要尽量提早采收，减轻树体负担。采收之后继续加强肥水管理，结合病虫害防治喷 1 次 0.3% 磷酸二氢钾，保护叶片，提高养分贮藏水平，促进枝条成熟和花芽分化。

（7）防寒越冬　重点保护受雹伤的主干和大枝，防止冻害和抽条现象发生。越冬前主干和大枝涂白，幼树绑草把或缠白色塑料薄膜，全园喷布护树宝进行保护。生草果园秋季要注意防治大青叶蝉，防止其在树干和枝条上产卵，造成伤口引起抽条。

12. 高温干旱危害的症状有哪些?

梨树在高温干旱条件下会出现叶片萎蔫、黄化脱落，果实膨大受阻，根系生长差，树势衰弱，甚至枯黄死亡。高温烈日灼伤果实及叶片，影响产量和果实的贮藏性，还会导致红蜘蛛等虫害发生猖獗。高温干旱引起落叶后，如遇秋雨常常会导致秋季“二次开花”。

13. 如何防控高温干旱?

为了避免发生危害，可采取以下措施进行防控:

(1)果园覆盖与中耕除草 为保证土壤墒情，可在雨后采用麦秸、稻草等进行覆盖，或采用LS地布等覆盖。果园内不使用除草剂除草，提倡将杂草割倒后进行就地覆盖进行保墒。干旱季节在没有灌溉条件的梨园进行松土除草，切断土壤中上传的毛管水，同时减少杂草与梨树争水。

(2)增加果园灌溉设施 要从根本上解决梨园高温干旱问题，必须在梨园灌溉设施上加以配套，如增设梨园喷灌或滴灌管道等，在土壤水分降低至一定程度时即进行灌溉。喷灌还能起到增加空气湿度的作用，防止高温干旱效果更好。

(3)夏季高温地区适当保留骨干枝上的枝叶，避免枝干日灼 树冠及时喷水增湿，也可减轻果实或叶片日灼病（见彩图47）的发生。

(4)加强病虫害防治 夏秋季持续干旱时，要注意山楂红蜘蛛、梨冠网蝽等虫害的防治。

14. 高温干旱发生后如何进行补救?

(1)适当修剪地上部枝梢，调节地上部与地下部生长平衡 高温干旱症状出现后，要适当疏除过密枝，减少地上部的水分消耗。

(2)及时进行灌溉 灌溉宜选择傍晚温度较低时进行，避免在中午高温时灌水。灌溉的同时还可以结合树冠喷水，降低梨园温度，增加空气湿度。

(3)及时补施叶面肥 高温干旱条件下往往根系吸收功能变差，地上部的叶片得不到足够营养，可以于傍晚喷施较低浓度的叶面肥，如0.3%尿素、0.3%磷酸二氢钾等。

（4）及时去除干枯的叶片 这样可以减少树体的水分损耗。

（5）在根系分布区施肥 用施肥枪根注蒙力28等肥料于根系分布区。

（6）及时补接花芽 秋季“二次开花”的树，可秋季及时补接花芽，以减少翌年产量损失。

15. 高温高湿危害的症状有哪些？

梨园高温高湿多在夏季发生，导致加重南方梨黑斑病、褐斑病等早期落叶病害的发生；梨园高温高湿时会增加果面的锈斑，影响果实美观。

16. 如何防控高温高湿危害？

为了避免发生危害，可采取以下措施进行防控：

（1）适当修剪，改善果园通风透光条件 疏散分层形修剪时要注意保持合理的层间距，避免上下部枝重叠。果实生长后期往往会出现上部枝叶与下部枝叶相互重叠的情况，要及时用木棍或竹竿对负载较重的果枝进行撑枝。对于分枝过低的枝条及时进行疏枝，改善梨园的通风环境。

（2）实行套袋栽培 在南方高温高湿地区栽培果锈较多的品种时，应进行1次或2次套袋栽培。实行2次套袋的，套小袋应谢花后20 d内进行。

（3）及时排除积水 为降低果园空气湿度，要注意及时排除园内垄沟积水。

（4）加强病虫害的防治 南方夏季高温高湿，用80%代森锰锌、70%甲基硫菌灵等杀菌剂重点防治黑斑病、褐斑病等病害，同时防治果实轮纹病，减轻果实采前落果及贮藏病害的发生。

17. 高温高湿危害发生后的补救措施有哪些？

一是树冠及时补喷治疗性杀菌剂，如70%甲基硫菌灵等，控制病害蔓延趋势。

二是及时清沟排渍，降低地下水位。

三是及时“开天窗”，剪除树冠郁闭的大枝，改善树体的通风条件。

18. 涝害的症状有哪些?

梨树较耐涝，但积水时间长也会导致根系腐烂死亡，削弱树势，引起叶片黄化脱落，同时也会降低树体抗病性（见彩图 48、49）。

19. 如何防控涝害?

为了避免发生危害，可采取以下措施进行防控：

一是雨季及时清理果园“四沟”（即主沟、支沟、腰沟、垄沟），避免梨园积水。

二是实施起垄栽培。要求起垄 30 cm 以上，形成与行距宽度相同的大垄。

三是有条件的地区在建园采用暗渠排水，定植前做成通槽，填入一层碎石或成捆的竹子，有利于雨季土壤滤水，增加土壤的通气性。

四是及时喷施叶面肥，提高叶片营养水平。叶面喷肥种类参考高温干旱部分。

20. 涝害如何补救?

对已经发生了涝害的梨树要及时进行补救，具体措施为：

一是树冠及时喷施叶面肥，补充树体营养。

二是适当进行树冠修剪，维持地上部与地下部平衡。

三是全园松土。 涝害后易造成根系缺氧，要进行中耕松土，促发新根。

四是及时排水，扶持树干。有积水的地方及时排去多余积水，冲倒冲歪的树体及时扶正固定。

21. 风灾的症状有哪些?

南方梨果实成熟季节常遇到台风或龙卷风等大风天气，有的年份损失达到 60% 以上。不仅对当年的产量带来损失，还因为梨树骨干枝劈裂、新梢折断、大量落叶影响树势和翌年产量。

22. 如何防控风灾?

为了避免发生危害，可采取以下措施进行防控：

1）采用棚架栽培。棚架栽培可以有效减轻风害，是我国沿海台风多发地区梨树栽培的首选方式。

2）在梨园风口增设防风林。

3）大风多发的梨产区不宜采用长放枝结果，一年生枝条甩放成花后要“见花回缩”。结果枝组结果后要及时回缩，使结果部位尽可能靠近大枝。

4）由于果柄直立的果实抗风能力较差，疏果时选留侧生或下垂的果实。

5）分次采收。果实接近成熟时抗风能力较差，应做到成熟一批采收一批，降低风害损失。外围、上部的果实成熟较早，且抗风能力弱，应早采。

6）大风来临前及时对果实下压下垂的枝条进行撑枝。

7）增强树势。树势弱的树上果实果梗部易产生离层，耐风能力较弱，采前遇大风会加重落果。

23. 风灾如何补救?

对已经发生了风灾的梨树要及时进行补救，具体措施为：

1）做好保叶管理。风害后不仅导致果实脱落，还会导致叶片大量脱落或损伤，应加强后期叶片管理，防止其早期脱落而导致秋季“二次开花”，进一步影响翌年产量。

2）造成大枝劈断的要加强伤口保护，可涂抹果树伤口保护剂，以避免枝干病害的流行。

24. 梨树药害的症状有哪些?

（1）芽部药害 梨树发芽推迟，严重时部分芽变黑（见彩图 50）。在梨树发芽期用药一般比较慎重，因此此种药害相对较少。

（2）叶部药害 此种药害较常见，表现为叶面出现圆形或不规则形红色药斑，叶尖、叶缘变褐干枯，严重时全叶变焦、脱落（见彩图 51）。

（3）果实药害 果面出现红色或褐色小斑点，随着果实发育膨大成圆形斑，轻时幼果一般不脱落，严重时 7 ～ 10 d 后幼果大量脱落（见彩图 52）。若在涂抹梨果膨大素等生长调节剂类药剂时方法不当，则易造成果柄变黑，严重时发生落果；若不慎涂抹到果面上，则造成梨果畸形。

（4）枝干药害　树体韧皮部变褐色，严重的延伸到二至三年生枝上，不过此种药害比较少见。

25. 梨树药害产生的原因是什么？

（1）用药时对梨树品种及生长发育阶段的耐药性不了解　黄金梨、鸭梨、水晶、黄冠、绿宝石等绿皮梨容易发生药害，丰水、园黄、爱甘水等褐皮梨则较抗药害；处于休眠期的梨树耐药性强，而在生长期耐药性弱。

（2）农药质量差及使用方法不当　使用假冒伪劣农药、过期农药或使用方法不当（如用药浓度过高、药剂溶解不好、混用不合理等）均会导致药害发生。

（3）喷药时间不合理　温度、湿度过高或过低，刮风、下雨、强光照等条件下给果树喷施农药，均容易产生药害。如在高温强光时（中午 12 点至下午 2 点）喷药，最易产生药害。湿度过大时，施用一些药剂也易产生药害。在有风的天气喷洒除草剂，则容易产生“飘移药害”。

（4）果袋质量差及套袋技术不规范　果袋质量差，药液渗入果袋；套袋前喷药，药液未干时套袋；套袋时袋口捆扎不严，药液流入袋内，以上这几种情况都可能因袋内温度高、湿度大、药液不易蒸发而使果实产生药害。

26. 梨树的药害如何预防？

（1）选用优质对路农药　购买农药时，一定要从包装、标签、生产日期、销售渠道等方面仔细辨别真假，检验农药是否过期。还要根据梨树对农药的敏感性及防治对象的耐药性，综合农药性质，选择对路农药。注意幼果期避免使用易发生药害的农药种类，如乳油制剂和乳化剂，尽量喷布水剂和粉剂类的农药。

（2）严格掌握用药浓度及用药时间　要严格按照说明书上规定的使用浓度、单位面积用量、使用方法、安全间隔期等使用。

（3）合理混用农药混配原则　中性农药之间、酸性农药之间、中性农药和酸性农药之间可以混配；酸性和碱性农药不可混配，微生物杀虫剂和杀菌剂及内吸性强的药剂不能混配，碱性农药不能随便和其他农药（包括碱性农药）混配，如石硫合剂和波尔多液应单独使用。

（4）选好天气，适时用药 一般在晴天上午露水干后的8～10点或下午3～6点时，无风或微风，气温20～30℃，湿度适中的情况下喷药，避免在大风、高温、阴雨天施药。

（5）规范套袋方法 选用透气性好、防水性强的优质果袋；套袋前喷药，严禁药液未干时就进行套袋；套完袋后扎紧袋口，以防药液顺果柄流入袋内。

27. 梨树发生药害后如何补救?

（1）喷水灌水 受到药害后应立即喷水冲洗受害植株，以稀释和洗掉叶面和枝干上的农药。同时，对果园地表漫灌1～2次流动水，降低树体内的农药浓度。

（2）喷药中和药害 造成叶片白化时，可用50%腐殖酸钠配成3 000 倍液进行叶面喷施；因波尔多液铜离子产生的药害，可喷0.5%～1%石灰水溶液；因石硫合剂产生的药害，在清水冲洗的基础上，再喷洒400～500倍米醋溶液，可减轻药害；因使用乐果不当产生的药害，可喷施200倍硼砂液1～2次；若错用或过量使用有机磷、菊酯类、氨基甲酸酯类农药产生药害，可喷洒0.5%～1%石灰水或相同浓度的洗衣粉溶液、肥皂水等。

（3）注射清水 在防治吉丁虫、天牛等蛀干害虫时，对因用药浓度过高而引起的药害，应立即去除受害的中小型果枝，防止药液继续渗透和传输；对大枝和主干，可通过向注药孔加压冲水来缓解药害。如为酸性农药产生的药害，可在清水中加入少量生石灰，以加速农药的分解。

（4）延迟套袋 对使用梨果膨大素造成的果柄变黑，套袋时间应较正常套袋推迟7～10 d。套袋时袋口要固定在靠近果台的健康部位，将变黑的果柄部位套进袋内，防止风吹摇动。

（5）加强田间管理 及时追施氮、磷、钾等化肥或稀释的人粪尿，并及时对园地进行中耕松土，增强梨树自身的恢复能力；还要进行适量修剪，防止枯死部分蔓延或受病菌侵染而引起病害。

八、梨果采后处理及保鲜技术

1. 梨果的成熟期分为哪几种？

梨果成熟期可分为可采成熟期、食用成熟期和生理成熟期三个时期。采收时，根据梨果本身的特点、上市时间、运输距离和条件、贮藏时间等，选择合适的成熟度进行采收。可采成熟期，果实内含物积累过程基本完成，果个大小已定，开始呈现本品种固有的色泽和风味，但此时果实硬度较大，果肉富含淀粉，中长期贮藏和远距离运输的果实需在此时采收；食用成熟期，种子变褐，果柄离层形成，易从树上脱离，果实表现出固有的色、香、味，品质达到最佳，采后立即上市或短期贮藏的梨果可此时采收；生理成熟期，种子充分成熟，果肉开始变软发绵，食用品质下降，此时采收的果实一般用于取种而不食用。

2. 如何判断果实的成熟度？

判断果实成熟度的主要依据有：果实从枝条上脱离的程度；根据经验观察果皮底色；根据多年总结的果实平均发育天数；利用碘化钾对果实横切面进行染色法判断。但是不能凭一项进行判断。一般采用的方法是通过计量果实发育期天数结合染色法进行。

（1）果实从枝条上脱离的程度 果实达到完熟期时，果柄与枝条之间形成离层，轻轻向上托举，即可摘下果实，如果再延迟采收就会出现落果。

（2）观察果皮底色 随着果实的成熟，果皮内的叶绿素逐渐分解，果皮颜色由绿色变成浅绿色、黄绿色，当果实表现出品种特有的底色时，说明果实已经或接近成熟。

（3）果实平均发育天数 每个梨品种的果实生长发育都有一定的天数，从盛花期到成熟可采摘时为止，经过多年计算，取平均天数。每年可依据这一数据判断果实的成熟度。

（4）碘化钾染色法 用碘化钾溶液对果实最大横切面进行染色，通过染色指数来确定果实的成熟度及适宜采收期。染色指数分为6级，1级为果实横切面全部染色；2级为80%染色；3级为60%染色，果心染色消失；4级为果心50%染色；5级为20%染色，维管束带内染色消失；6级为果实横切面染色完全消失（淀粉已经水解消失）。鲜食上市或短期贮藏的以5级合适，长期贮藏或长途运输的以2～3级合适。

目前，有条件的地区通过测定果实的乙烯释放量，可以更精准地确定成熟度和采收期。

3. 适时采收对梨树的贮藏有什么影响？

适时采收对梨果的耐贮性有着很大的影响。采收过早或过晚都对贮藏不利。采收过早，果实外观、风味等品质较差，贮藏中易失水萎蔫、果心褐变，并会诱发虎皮病、苦痘病及低温伤害等。采收过晚，虽然果实品质得到提高，但此时的果实已经进入呼吸高峰，果实硬度降低、变软，对CO_2的忍耐力减弱，果树生理病害、黑心、烂果率增加，果实耐贮性大大下降。

4. 如何确定梨果的适宜采收期？

目前一般是根据果实采后的使用需求来确定适宜采收期，采后立即上市、短期贮藏或短途运输的，需要保证果实的品质，果实达到完全成熟时采收或晚采几天。中长期贮藏和长途运输的果实则需要通过判定果实的成熟度来确定最适采收期。最佳采收期可根据果实硬度、可滴定酸含量、可溶性固形物含量、果实大小、果皮和果肉颜色等方面的变化进行确定。

5. 果实采收时的注意事项有哪些？

果实采收前1周停止灌水，要避免雨天或雨后采收，还要避开一天中露水较大及高温时段，在晴天的上午6～10点和下午3～6点采收为宜，下午采收的果实可放置在田间，降低田间热，第二天早上入库。必须采用人工采收，因为梨果实皮薄、肉脆，应避免机械损伤或是划伤等伤痕出现，否则会诱发贮藏期的病害，降低果实贮藏性，甚至导致果实腐烂等情况发生，所以采收时工作人员最好戴手套，用手掌将果实向上一托，果实即可脱落。注意轻拿轻放，做到无伤采收，保证果实品质和贮藏性。此外，果园内同一品种的果实不会同时成熟，应采取分期分批采收，先采收外围果实，后采收内膛果实。

6. 不同梨树品种对果实的贮藏性有怎样的影响？

目前，我国栽培的梨树品种基本属于白梨、砂梨、秋子梨和西洋梨四大品系。其中白梨系统和砂梨系统的品种最多，品质最优。一般，白梨系统中的品种贮藏性最好，砂梨系统的次之，而秋子梨系统和西洋梨系统中的多数品种在常温下会软化、后熟，因此不耐或极不耐贮藏。白梨系统中的品种一般可贮至翌年的 4 ～ 5 月，甚至 6 ～ 7 月；砂梨系统中的品种贮藏性差于白梨系统；秋子梨系统和西洋梨系统中的品种虽然常温下贮藏性差，但通过冷藏或气调贮藏，多数品种可贮藏 3 个月以上。

从品种的成熟特性来讲，一般晚熟品种耐贮性优于中熟品种，中熟品种优于早熟品种。原因是梨果生长发育时间越长，其果实内的碳水化合物等有机物质积累得越多，而晚熟品种又能经历低温锻炼，可以降低其呼吸强度，因此能有较好的贮藏性。而早熟品种情况则相反，所以耐贮性较差。

从果实采后的生理特性来讲，秋子梨系统和西洋梨系统品种的呼吸强度和乙烯释放速率均高于白梨系统和砂梨系统，因此耐贮性差。

7. 梨树采前的栽培管理对果实贮藏性有什么影响？

除了品种这一不可变的内在因素之外，梨树的生长环境和采前栽培管理均影响果实品质，进而影响果实的贮藏性。

（1）立地条件 同一品种，在不同地区栽植，在保证正常生长发育的前提下，因气候、地理环境的改变，其贮藏性也不同。一般高海拔地区生产的果品比低海拔地区生产的贮藏性好，山地果园生产的果品比平地果园生产的耐贮藏，昼夜温差大的地区生产的果品较其他地区的贮藏性好。其他方面如光照良好、降水适量等条件也会提高梨果的贮藏性。

（2）栽培管理 不同的管理水平也是影响梨果贮藏性的重要因素。

一是土肥水管理。科学施肥，如增施有机肥、合理施用化肥、适量补充微肥，不但会增强树势，更直接影响果实品质，在提高果实内在品质的同时，也提高了果实的耐贮性。而生产中常见的偏施氮肥，则降低了果实品质，易引发黑心病等贮藏期生理病害，其耐贮性明显下降。水分管理也很关键，过量灌水，尤其是采前频繁灌水，虽然会对产量有所增加，但会降低果实的品质，进而降低其贮藏性。另外，供水不足，果实生长发育不良，同样会降低其耐贮性。

二是树体管理。科学的整形修剪，能够调整树体生长，保证花芽分化，维持生殖生长和营养生长之间的平衡；合理的花果管理技术，包括疏花疏果、果实套袋等技术，能够保证树体的合理负载，稳定树势，保持稳产，提高果实品质等，这些都会相应地增强梨果的贮藏性。

8. 为什么要对采收后的梨果进行分级?

生产出的梨果即便是在管理水平一致、树势基本相同的果园，其大小也不可能保证一样，如果混在一起出售，将会影响果品的商品价值。而将果品进行分级，并按级进行定价、包装和销售，会大大提升梨果的商品价值。所以，采后分级是不可缺少的环节，在发达国家比产前管理还要重要。梨果采后进行分级是梨树生产的延续，是将产品变为商品的必需步骤，让出产的梨果达到商品化标准。并且不同大小的果实，其贮藏性也不同，通过分级，不同级别的果实采取不同的贮藏方式，也可以降低贮藏期间果品的损失率。

9. 梨果分级的依据是什么?

梨果的分级可以参照发布的标准。目前，我国梨果分级相应的标准分为国家标准（《鲜梨》GB/T 10650—2008）、行业标准（《梨外观等级标准》NY/T 440—2001、《库尔勒香梨》NY/T 585—2002 等）、地方标准（如《优质鸭梨》DB13/T 527—2004 等）和企业标准（国际经济合作与发展组织发布的）。梨果的分级主要以大小、形状、外观、色泽等指标进行判断，并且依照上述标准允许的最低要求将产品分为特级、一级、二级或是优等品、一等品和二等品（参照《鲜梨》GB/T 10650—2008）。分级后的梨果大小外观基本一致，利于梨果销售，增加果品的商品价值。

10. 如何对梨果进行分级?

梨果的分级主要通过人工或机械进行，目前我国各梨产区大多采用人工分级。人工分级主要采用目测，依据果实的大小、外观进行分级。有要求高的，采用分级板按果实的直径进行分级。总体来说，人工分级误差大，准确性低，效率不高，明显不如机械分级。目前我国机械分级所用的机械主要是依据重量进行分级，先人工依据果实的形状、颜色等外观进行挑选，然后将果实放在传送带上，根据托盘承受压力不同，使果实落入不同收纳容器中完成分级。现在，发达国家梨果分级普遍实现机械化、自动化和程序化。除依据重量分级外还有的依据光电原理进行分级，利用光对果实颜色、可溶性固形物含量等的反射率的不同，进行分级。机械分级的优点是误差低、效率高，分级后的梨果大小、形状、颜色基本一致，商品性好，售价高。

11. 为什么要对梨果进行包装?

梨果在贮运过程中会出现失水、损伤、变质或腐烂等状况，为了避免这些情况的发生，减少因此造成的损失，所以需要对果品进行包装。这样在保证梨果贮运安全的同时，可以实现梨果的标准化和商品化销售，而设计合理、美观精致的包装又可以有良好的宣传效果，吸引消费者，提高市场竞争力，提升果品的商品价值。

12. 梨果的包装有什么要求?

梨果包装首先必须有足够的抗压强度和耐湿能力，可重复利用，包装内做到单个梨果用塑料发泡网套包装，或做单个果品隔断，或是果品用托盘化包装，可避免在贮运过程中果品之间或包装和果品之间造成的伤害损失。同时，牢固的包装也便于机械装卸、堆码贮藏和长途运输等。其次，包装需有足够的通气面积，保证包装内的梨果与贮运环境的接触良好，大而少的通气孔效果好于小而多的。通气良好可以使梨果能够迅速制冷或加温处理（需后熟的品种），并且包装也不会因受潮而降低对果品的保护效果。最后，包装外表涂敷保水剂或是采用专用保鲜袋衬垫，可防止贮运中梨果的水分损失，避免梨果出现皱缩等现象，保证果品的商品性。此外，针对消费终端的销售包装要求美观、精致、大方、便携，包装的样式和规格应满足消费者的需求，并印有梨果的品种、等级、产地、生产日期、注册商标、果品认证等信息，甚至条形码、二维码等也开始出现在包装上。

13. 梨果的包装都有哪些种类?

根据使用目的不同，梨果的包装类型可分为外包装和内包装，贮运包装和销售包装等。

（1）外包装和内包装 梨果外包装可用瓦楞纸箱、塑料箱、木箱和篓筐等。瓦楞纸箱规格在 5 ～ 15 kg，可做贮藏包装箱和销售包装箱。而塑料箱、木箱和篓筐用作贮藏箱和周转箱。

内包装采用包果纸或塑料发泡网套，是为了避免贮运过程中出现的机械伤害，包装果品的外观商品性。并且在果品与外包装之间加专用保鲜袋内衬，避免水分损失。

（2）贮运包装和销售包装 梨果的贮藏包装同外包装，采用质量良好、抗压耐潮的纸箱，或是塑料箱、木箱及篓筐。也有的直接用贮运包装作为销售包装。

销售包装多为纸箱包装，规格形式多样，外观精美、便携礼盒包装等主要是为了吸引消费者。

14. 梨果贮藏前为什么要进行预冷?

梨果采收时节可从盛夏一直到秋末，其中早中熟品种采收时气温高，造成果实温度也高，其呼吸强度和蒸腾作用均很旺盛，梨果在此状态下 1 d 相当于冷藏贮藏 1 周，贮运寿命很短。所以为了延长梨果的贮藏保鲜期，采收后必须快速地将果实温度降低至适宜贮藏的温度，消除果实的田间热和呼吸热，即预冷。预冷是梨果冷链贮运的第一步骤，预冷之后，果实的呼吸强度降低、水分损失减少，并且贮运期内的病害发生也会减轻，包装果品质量和商品性稳定，从而延长梨果的贮藏期，扩大运输范围。并且预冷后再入库，可降低制冷设备负荷，减少贮藏成本。

15. 如何进行预冷?

预冷方式包括自然预冷和人工预冷两种。前者在采后利用夜间低温这种自然条件来降低果实温度，适于简易、短期贮藏和短途运输。后者主要应用机械设备来进行降温，适于冷库和气调库等中长期贮藏。

(1) 自然预冷　这是最原始的预冷方法，用于土窑洞、通风库等简易条件贮藏。先将采收的梨果放在阴凉处平摊放置，第二天气温回升前入库，利用夜间低温消除田间热，降低果实温度。缺点是自然预冷的降温速度很慢，并会发生鼠害、果实皱缩甚至冻害等，影响果实品质。

(2) 人工预冷　包括冷风预冷、冰水预冷和真空快速预冷。

冷风预冷：将分级包装处理后的梨果，放置在 0℃左右的条件下，使果温降至约 1℃。冷风预冷又有两种模式，一是强风快速预冷，是常用的预冷方式，利用气压差，使冷空气强制通过梨果包装，快速降低果温。二是利用冷藏库库间或走廊预冷，预冷后再将梨果包装移入贮藏库，速度不如强风预冷。选择冷风预冷需注意贮藏的品种，如白梨，如用强风预冷，会增加黑心病等病害的发生。

冰水预冷：将果实直接浸入 0℃左右的冰水内，数分钟内就可快速消除田间热，把果温降至约 1℃。有的地方采用塑料箱或木箱包装梨果，直接将包装浸入冰水进行预冷，然后转至贮藏库，预冷效果明显。

真空预冷：将果实放在真空预冷机内，抽去空气、降低气压，通过消耗果实内的热量完成水分低温沸腾，经过大约 20 min，就可快速将果温降至贮藏所需温度。

16. 梨果入库时应做哪些工作?

入库前，必须对库房和包装材料进行彻底的清洗和消毒处理，可用 0.5% 的高锰酸钾、20% 过氧乙酸、80% 的乳酸、1% 福尔马林或臭氧等对库房及包装材料进行灭菌消毒处理，消毒完成后应及时通风换气。

贮藏库温度在梨果入贮前要降低到适贮温度。简易土窖贮藏待秋末环境温度降低时，果品预冷后可直接入库。冷库需要提前开机降低库温，经预冷处理过的梨果要尽快移入贮藏库内。

另外，入库后，不同品种、不同等级、不同贮藏期的梨果应分开堆码。包装的堆码应保证贮藏库内空气的良好循环，堆码后的包装垛要稳固安全，利用空间合理，便于管理。包装垛底部最好放置托盘，便于机械装运，同时也利于底部空气流通。包装垛与库顶最短距离为 50 cm，与墙壁最短距离为 30 cm，与冷风机最短距离为 150 cm，包装垛间最短距离为 15 cm，库内留 120 ～ 150 cm 的通道。采用纸质包装的也可利用货架堆放，更好地利用贮藏库空间。塑料箱或木箱则无须货架。

17. 贮藏库都有哪些种类?

梨树的品种多，其贮藏性不尽相同，因此可根据不同品种选择适宜的贮藏库。目前，常用的贮藏库有三种：土窖、冷藏库和气调库。

（1）土窖 依靠自然冷源贮藏，北方应用较多，因为冷源相对充沛。现在经过多年发展改进，结构设计逐渐合理，通风良好，可以充分利用冷源进行贮藏，一般可贮藏至翌年 3 ～ 4 月。适用于锦丰、苹果梨等晚熟品种，由于成熟时气温较低，可不经预冷或经一夜预冷即可入库。贮藏期间应注意销售工作，如果不能及时出售，第二年气温回升会出现烂果现象。

（2）冷藏库 通过机械制冷设备，根据不同的贮藏梨果品种的贮存需求，调节和控制库内温度、湿度和气体循环，达到所需的贮藏效果。冷藏库的建设需使用良好的隔热材料和坚固建材，因此基本不受环境变化的影响，贮藏期长，效果好于土窖，可实现周年贮藏，延长梨果的供货期。

（3）气调库 在冷藏库的基础上，增加了调整 O_2 和 CO_2 浓度比例，即“调气”的功能。通过利用提高 CO_2 浓度、降低 O_2 浓度，并稳定在一定浓度范围之内，降低果实的呼吸强度、减少营养损耗这一原理进行贮藏。气调库的贮藏期和贮藏效果要长于和优于冷藏库。气调库主要应用于西洋梨、库尔勒香梨、秋白梨和南国梨等品种的贮藏。气调贮藏比其他两种贮藏库能够更好地保持果实的硬度和表皮绿色，贮藏期和供货期明显延长。因增加了调气设施，贮藏成本也增加，有的地方采取塑料大帐进行简易气调贮藏，效果也不错。

18. 贮藏库如何管理?

（1）土窖贮藏 注意初期降温、中期保温、末期降温的原则。梨果入库初期，需要利用自然冷源尽快将库内温度降低，夜间将库门和通风口打开，白天关闭保温。改良后的土窖由于合理利用压差，降温迅速。中期由于北方严寒，所以可用草苫、棉被等覆盖库门和通风口，保持库温。后期随着温度的回升，应注意通风降温。

（2）冷藏库贮藏 梨果入库后，要采取分段降温的方式将库内温度降到合适范围，一般不低于0℃。贮藏期间注意温度的监控，每库至少设置6个温控探头，分布于库内各处，库内温度变化控制在1℃，靠近风机出风口的包装应用草苫覆盖，防止果实发生冷害。尽量减少开库次数，保证库内温度，尤其是避免库门处的温度发生过度变化。另外，应注意库内空气相对湿度的变化，一般要求90%以上，如果较低，会出现果实失水皱皮现象，应进行地面洒水、挂湿帘等方法增加湿度。

（3）气调库贮藏 气调库贮藏期间对温湿度的要求基本与冷藏库的要求一致，但是气调库对气密性的要求非常严格。一般设置保温门和气密门两道门作为保障，同时库内使用聚氨酯作为保温密封层。贮藏期间要监控CO_2浓度的变化，进行调气，同时注意其他气体的变化，如乙烯等保证空气循环畅通，以将库内空气调整到适宜范围。另外，由于库内CO_2浓度高，所以工作人员入库时，必须佩戴氧气面罩，保障人身安全。

19. 我国梨果加工情况如何？

我国梨果90%以上为鲜食品种，缺少加工专用品种，目前基本为鲜食加工兼用。梨果除鲜食外，还可制成梨罐头、梨膏、梨脯、梨汁、梨酱、梨醋、梨酒、梨果冻等加工品，梨罐头和梨汁是目前最主要的梨加工产品。梨罐头要求原料应选择肉质厚、果心小、质地细而致密、没有或极少石细胞、有香气、酸甜味浓、耐煮性强、不易变色的类型，最常用品种为雪花梨，也有水晶梨、西洋梨等。梨汁分为浓缩汁、成品饮料和鲜榨汁等，浓缩梨汁大多用于出口。梨脯和梨膏作为北京传统特产，生产历史悠久，但规模批量小，基本属垄断型产品。其他梨醋、梨酒、梨酱、梨果冻、梨干、雪梨茶等一般为地方产品，多以当地梨文化为背景，有很大的发展潜力。今后应进一步发展梨深加工，实现品种、产品多元化。

九、其他

1. 劳动力成本上涨对梨果产业有怎样的影响?

梨果生产作为劳动力密集型产业，面临着分散、小规模种植及单位生产成本较高的问题，而近年来从事梨果生产的青壮年劳动力供给不断减少，加剧了劳动力成本的上升。2004 年以来梨果产业劳动力成本显著提高，2008 年劳动力成本价格水平相当于 2003 年的 3 倍左右，2010 年农村劳动力成本上涨到 100 元 / 人以上。2013 年我国梨单位面积成本构成中人力成本占 42.35%，人力成本比重超过物质费用，成为梨果种植最主要的成本。在当前栽培管理技术水平还未大规模普及，机械无法形成有效替代，梨果种植生产较大程度依赖农业劳动力的情况下，劳动力成本上升对我国梨果产业产生了较大的影响。

劳动力成本对我国梨果生产区域面积的变化具有显著负影响，且区域差异性也很明显，其中影响最大的是属于渤海湾地区的传统梨主产区，其次为长江流域及云贵地区，影响最小的是西北地区。我国目前梨生产慢慢开始由传统渤海湾地区向劳动力成本较低的西北及长江地带转移。

2. 如何应对劳动力成本上涨对梨果产业的影响?

国家在优化布局时，应根据各地自然、经济及技术等情况，结合比较优势原理进行分类指导和支持，寻找最优及特色梨果产区，实现资源要素的最优配置和产业效益的有效结合；加快培育梨果生产的重点发展区域，积极引导各种资源向优势产区集中，形成更加合理的生产区域布局；实施适度规模化，降低单位成本，进一步提升梨果产业发展的潜力；大力培育发展降低树高、简化修剪、矮化栽培等省力化栽培模式，有效解决劳动力成本过高的问题，并结合水果对生态环境、气候条件的依赖，因地制宜，积极探索适合本地区资源、劳动力等要素优势的品种，将生产高档果和省力化栽培有机结合起来，在满足生产高档果的基本条件下，利用先进的集约省力化栽培模式，有效降低成本，最终实现优质优价。

3. 梨果产业未来的发展趋势如何？

梨果业发展过程中必须改进传统的管理观念，创新发展模式，以优质、高产、低耗、节本、省力、高效、生态、安全作为发展目标，做到产量与品质并重，才能在国内外竞争中立于不败之地。在梨果产业未来的发展中，将逐渐朝着品种区域化、种植规模化、管理专业化、技术省力化、全程机械化、果品安全化、经营一体化、营销信息化、加工多样化和果业国际化方向发展。

4. 梨品种的发展趋势怎么样？

（1）品种更新速度加快 随着果品市场越来越显示出“精品市场”的属性，梨品种的市场生命周期明显缩短。品种创新，是当今和未来梨产业发展中永恒而又常新的主题。

（2）新品种权的保护愈来愈受到重视 引进品种由于受到国际品种保护组织愈来愈严格的专利保护，被引进来后并不能直接商业化栽培，只能作为研究材料使用。加强梨品种的自主创新成为我国梨产业升级的当务之急。

（3）品种需求趋向个性化和多样化 随着人们生活水平的提高，消费者对于梨果的需求越来越显现出多样性、特色性、动态性和广泛性的特征。

（4）专用品种的培育亟待加强 随着果品加工业的升级及对原料的细化要求，观光农业的迅速发展以及保护地果树栽培的不断扩大，选育梨加工专用品种、适于保护地栽培和观光果业需求的品种是产业高效可持续发展的要求。

（5）有色梨发展将继续提速 我国传统的梨生产中主要以绿黄色梨为主，近年来，随着大量有色梨品种的选育和引入，有色梨发展明显提速，像我国选育的清香、金玉、蜜露、早香梨、早金香、红香酥、香红蜜等，从国外引入的红星梨、红巴、红香蜜、红安久、早红考密斯等，均为红色，彻底改变了我国梨栽培品种色调单一的问题，可为消费者提供色彩丰富的梨产品。有色梨的发展、栽培品种的多样化将推动我国梨产业整体效益的提升。

（6）品种的综合特性迫切需要提高 目前生产上使用的很多品种由于以前育种技术的限制，品质及抗性等种性未能得到明显提高。由于受世代周期长、遗传杂合度高等因素的限制，梨树育种进展缓慢，用常规育种方法对果树进行多基因联合改良难度大。因此，利用以生物技术为主的先进的育种手段，建立优良性状同步改良的育种技术体系，是提高育种效率和推进我国梨产业持续稳定发展的捷径。

5. 梨栽培管理的发展趋势如何？

梨果实品质是综合性状，其表现是由品种的遗传特性、环境条件和栽培管理技术共同作用的结果。良种良法配套是发挥优良品种固有优良特性的关键。为了适应市场经济和国际贸易的需求，生产商品性能一致的果品，必须采用统一的标准化生产技术。随着市场对高效标准化生产的要求与日俱增，简化省工栽培成为趋势。同时，随着我国城镇化进程的加快，农村劳动力的大量转移，大量适应我国梨生产形势的挖沟机、旋耕机、割草机、打药机、施肥机等小型机械的普及以及壁蜂授粉、化学疏花疏果、果园覆盖生草、水肥一体化技术的应用，无病毒大苗繁育、矮砧密植栽培、高光效树形的培养、优质花果管理，梨园管理措施的有效简化，使得生产成本明显降低。简化省工栽培管理成为发展的趋势。

6. 如何实现果园的机械化管理？

随着劳动力的日益短缺和成本上涨，果园管理的各项作业中，使用机械装备代替人力操作，实现果园机械化已成为世界梨果生产国的现实。然而，我国梨园分布地域复杂，丘陵、梯田、平原、坡地等地势多样，且经营果园的方式大多为一家一户的分散经营，栽种的果树因地块不同规格各异，树体高大，行间距窄小，成为果园机械化推广应用的瓶颈。目前，仅除草和打药实现了半机械操作，其余的栽植、施肥、灌水、修剪和采收等环节大都要靠人工来完成，不仅劳动强度大、工作效率低，而且标准化程度不高。因此果园生产管理的机械化已成为实现果业现代化的必然要求。发展果园机械化，首要是发展适于果园机械化的栽培模式和配套农艺措施，实现农机农艺的有机融合，针对现代宽行窄株密植果园开发高效的定植机械、疏花机械、修剪机械、割草机械、施肥机械、打药机械、采收机械和多功能作业平台；其次要针对传统果园的生产环境，开发适宜树下作业的小型机械，如体形较矮、转弯半径小的果园动力机械、施肥开沟机、割草机、小型果园自动升降装置、气动高枝剪、枝条粉碎机等机械；最后还要开发适于果树苗圃专用的播种、栽植、断根施肥、喷药、嫁接、移栽、起苗、捆扎和运输等小型机械。

7. 未来如何开展生态友好型病虫害综合防控?

图 33　梨园频振式杀虫灯

进一步加强梨树主要病虫害发生和流行规律研究，建立快速的病虫害预测预报和预警系统，通过开展常用杀虫剂、杀菌剂田间药效评价，明确不危害天敌安全的化学农药种类和使用方法，筛选高效低毒的化学药剂或生物制剂，研究关键的病虫害综合防治技术和天敌昆虫的高效利用技术；明确梨主要病虫害的发生规律和流行趋势，加强环境友好型生物制剂的研发和有益天敌的工厂化生产，研究建立以生态调控为核心的病虫综合防治体系；加强对

图 34　农业防治——刮除老翘皮

果品农药残留的监测，探索有机果品生产的植保技术，减少农药残留，不断提高果品质量和生态环境质量。

图35　梨园性外激素诱芯诱杀害虫

8. 采后商品化处理技术的发展趋势是怎样的?

我国的果品采后商品化处理能力虽然稳步提高，但与国外相比，仍然存在较大差异。因此，要实现我国梨树产业的优质高效发展，必须进一步加大采后商品化处理技术的研究与开发力度，尤其是在各种保鲜材料以及根据大小、颜色及可溶性固形物含量对梨进行自动无损检测设备研制等方面，潜力很大。重点围绕实行组织化、标准化、自动化及配套化的果品采后商品化处理，包括采收、清洗、分级、包装、预冷、贮藏、保鲜以及冷链运输与销售等技术环节，最大限度地保持果品的营养成分与新鲜程度，延长贮藏寿命，获得最大的经济效益。

9. 为什么梨果的食用安全性成为今后生产关注的重点?

长期以来，农药、化肥、植物生长调节剂的大量施用，导致梨果生产的食品安全性受到极大的影响。近年来，随着梨产品供给量的增加，人们消费观念的转变，梨果的食用安全性受到高度重视，成为生产关注的重点之一，生产也开始向无公害绿色、有机梨生产转型。化学肥料的施用量得到有效控制，高毒、高残留农药的禁用，“果沼畜”生态园的发展，病虫害的农业、生物、物理防治方法的普及，生草沃土措施的推广，有机物料的施用，果实套袋的大量应用，使得梨产业中无公害、绿色和有机生产步伐加快，梨果的食用安全性大大改善，无公害、绿色和有机梨生产将继续成为生产的潮流。

10. 什么是家庭农场？家庭农场如何助推梨果产业现代化进程？

家庭农场是指以家庭成员为主要劳动力，从事农业规模化、集约化、商品化生产和经营，并以农业生产经营收入为家庭主要收入来源，自主经营、自负盈亏的新型农业经营主体。

长期以来，我国梨果种植环节过度分散，力量弱小，数量庞大，难以形成联盟，分散的千家万户无法适应大市场，不得不将收获的希望寄托在产出上，导致总体规模过剩；同时，又不得不受制于流通资本和加工资本，长期承受不合理的产业利润分配，导致种植环节经济效益低下，难以为继，生产管理积极性丧失，梨果产业的根基被动摇。因此，重塑梨果产品营销格局，让梨果产品利润分配主动权从流通（加工）资本手中回转到种植者，是推进梨果产业现代化进程的关键举措。随着近些年信息技术及物流业的跨越式发展，将产品的生产和经营整合于家庭内部，即“农”“商”合一，逐渐成为可能，也是市场竞争的需要。家庭农场从事梨果生产，加速了农村土地的合理流转，有效解决了目前梨园家庭承包经营低、小、散的问题，通过家庭农场适度的规模经营，能够机智灵活地应用先进的机械设备、信息技术和生产手段，大大提高果业科技新成果、新技术的集成和推广，并在很大程度上降低生产成本，大幅提高劳动生产率，有利于推进标准化生产，加快传统梨果产业向现代梨果产业转变的步伐。

家庭农场不仅是梨果产品生产的主体，同时也是梨果产品经营的主体。其商品化生产的目的和利润最大化的目标促使农场主从只追求产量的生产方式向更注重质量和安全的生产方式转变，大量投入化学肥料、农药等农业化学品的方式向提高单位生产率、果品品质和保护果品产地环境质量的生产方式转变，以保护果品品牌和果品质量安全，从而实现果品产地的追根溯源，保障果品质量安全，培育独特梨果产品品牌和保持品牌，从而提高梨果产品的市场竞争力。

11. 什么是农业物联网？农业物联网对于梨果生产有什么意义？

农业物联网是指通过农业信息感知设备（如温度传感器、湿度传感器、光传感器、CO_2 传感器、pH 值传感器等）及各种仪器仪表广泛地采集农业现场数据信息，通过建立数据传输和格式转换方法，进行遥控监测、树形模拟、变量施药、测土配方施肥、精准测产、品质评估、采收期预测、智能化采收和灾害性天气预测，把农业系统中动植物生命体、环境要素、生产工具等物理部件和各种虚拟“物件”与互联网连接起来，利用互联网技术，自动采集土壤墒情、气象等信息，进行墒情自动预报、灌溉用水量智能决策、远程 / 自动控制灌溉设备，实现梨果生产的可视化远程诊断、远程控制、灾变预警等智能管理，同时进行信息交换和通信，以实现对农业对象和过程智能化识别、定位、跟踪、监控和管理的一种网络。

农业物联网“人机物”一体化互联，可帮助人类以更加精细和动态的方式认知、管理和控制梨果生产中各要素、各过程和各系统，从而实现梨果生产的智能化管理，自动化生产，最优化控制，达到增产、改善品质、调节生长周期的目的。另外，通过互联网以及电子商务平台，实现电商和生产者的直接对接，缩短流通环节的目的，利于果实品质的维持和成本控制，提高经济效益。

主要参考文献

[1] 曹玉芬，聂继云．梨无公害生产技术．北京：中国农业出版社，2003.

[2] 樊庆军，李新艳，凌云，等．不同梨品种果袋选择．山西果树，2011(5):49.

[3] 方成泉，王迎涛．梨树良种引种指导．北京：金盾出版社．2005.

[4] 耿献辉，卢华，周应恒．劳动力成本上升对我国水果产业的影响——以梨产业为例．农林经济管理学报，2014,13(5):461-466,489.

[5] 巩小玲，陈国杰．“黄金梨”的树形选择与整形技术．北方果树，2009(6):12-13.

[6] 雷登红，周贤文，付世军，等．早熟梨套袋技术研究．中国园艺文摘，2013(11):30-31.

[7] 李春梅．有机梨园主要病虫害防治策略．山西果树，2013(6):49.

[8] 李丹．丰水梨优质、无公害栽培技术措施．河北林业，2010(1):40-42.

[9] 李志霞，聂继云，李静，等．梨产业发展分析与建议．中国南方果树，2014,43(5):144-147.

[10] 李志忠．无公害梨园病虫害发生规律与防治措施．河北果树，2013(6):18-19.

[11] 骆建珍．梨树药害的产生原因及预防补救措施．科学种养，2009(12):28-29.

[12] 农业部种植业管理司，全国农业技术推广服务中心，国家梨产业技术体系组．梨标准园生产技术．北京：中国农业出版社，2011.

[13] 欧春青，姜淑苓，王斐，等．国内外选育的梨矮化砧木简介及其应用现状．浙江农业科学，2014(10):1 543-1 547.

[14] 沙守峰，李俊才，王家珍，等．不同果袋对梨果实重量的影响．现代园艺，2009(5):63-64.

[15] 石远奎，蒋华，王忠书．无公害梨优质高产栽培技术．中国园艺文摘，2012(2):178-179.

[16] 王菲，姜淑苓，欧春青．我国育成梨品种特点分析和展望．中国果树，2014(4):66-71.

[17] 王桂兰 . 梨树优良品种及优质化栽培技术 . 中国园艺文摘 ,2011(6):164-165.
[18] 王国平 , 王金友 , 冯明祥 . 梨树病虫草害防治技术问答 . 北京 : 金盾出版社 .2011.
[19] 王金林 , 戴溢清 . 浮梁县早熟梨栽培技术 . 现代园艺 ,2013(12):36-37.
[20] 王田利 . 梨树高效生产技术问答 . 北京 : 化学工业出版社 ,2014.
[21] 王田利 . 我国梨产业发展浅析 . 山西果树 ,2013(5):39-41.
[22] 徐道华 , 葛晓梅 . 浅谈丰水梨矮化密植栽培技术 . 现代园艺 ,2011(10):27.
[23] 闫李杰 , 蒋海艳 . 果树药害发生原因及补救措施 . 河北果树 ,2014(1):34-35.
[24] 杨健 , 李秀根 , 王龙 , 等 . 我国梨果生产未来发展趋势 . 果农之友 ,2014(8):3-4.
[25] 杨青松 , 蔺经 , 韩红妹 , 等 . 砂梨有机生产关键技术 .2008,35(4):40-42.
[26] 于新刚 . 梨树简化省工栽培技术 . 北京 : 化学工业出版社 ,2014.
[27] 张绍铃 , 贾兵 , 吴俊 , 等 . 梨树授粉与花果管理关键技术 . 中国南方果树 ,2009,38(1):36-38.
[28] 张彦昌 , 赵德英 , 程存刚 , 等 . 果树冻害的症状表现及主要防控技术 . 果树实用信息与技术 ,2013(11):31-32.
[29] 赵德英 , 程存刚 , 李敏 , 等 . 果树常见灾害及防灾减灾技术 . 中国果树 ,2010(6):66-68.
[30] 周梅 , 缪曙华 . 砂梨标准化栽培技术 . 风景园林 ,2006,20(6):95-96.